安顿之书

人生有 100 种打开方式

余世存 —— 著

海南出版社
·海口·

图书在版编目（CIP）数据

安顿之书：人生有100种打开方式 / 余世存著. -- 海口：海南出版社，2024.6
ISBN 978-7-5730-1359-0

Ⅰ.①安… Ⅱ.①余… Ⅲ.①人生哲学-通俗读物 Ⅳ.①B821-49

中国国家版本馆CIP数据核字（2023）第181473号

安顿之书：人生有100种打开方式
ANDUN ZHI SHU : RENSHENG YOU 100 ZHONG DAKAI FANGSHI

作　　者：	余世存
责任编辑：	吴宗森
特约策划：	余江江
策划编辑：	高　磊
插　　画：	刘涵宇
封面设计：	朱赢椿工作室
责任印制：	杨　程
印刷装订：	河北盛世彩捷印刷有限公司
读者服务：	唐雪飞
出版发行：	海南出版社
总社地址：	海口市金盘开发区建设三横路2号
邮　　编：	570216
北京地址：	北京市朝阳区黄厂路3号院7号楼101室
电　　话：	0898-66812392　010-87336670
电子邮箱：	hnbook@263.net
经　　销：	全国新华书店
版　　次：	2024年6月第1版
印　　次：	2024年6月第1次印刷
开　　本：	880 mm × 1 230 mm　1/32
印　　张：	6
字　　数：	83千字
书　　号：	ISBN 978-7-5730-1359-0
定　　价：	68.00元

【版权所有，请勿翻印、转载，违者必究】
如有缺页、破损、倒装等印装质量问题，请寄回本社更换。

前言

信息茧房里的突围

一般人以为我的文字太杂，在这个语言或调性越简明越意味着流量的时代，这似乎事倍功半，吃力不讨好。但是对我个人来说，涉猎的驳杂让我受益匪浅。语言有道。语言里的很多说法儿，八万四千法门，比如明心见性，比如为道日损，比如天地之间其犹橐籥乎，比如专气致柔，等等，我都实证过。虽然生命的因果和悲欢，其极致处难以为外人道。

投资界的大神雷·达里奥有名言："不断真切显现的最痛苦的教训是，没有任何东西是确定的，总是存在会给你造成重大损失的风险，即使在看起来最安全的押注中也是如此，所以，你最好总是假设自己没有看到全部。"几千年前，老子写《道德经》的时候，也意识到这是一个问题，所以他一再强调人贵有自知之明。他说的自明，就是人要永远明白，当下的自己没有看到、也不可能看到事情的全部甚至大部分，因此，当下的自己永远要抱持谦卑的姿态。我们唯一的智慧乃是谦卑的智慧，唯谦卑无止境。

　　因为这样的低姿态，使我发现很多进步人士的问题。二十岁的时候，跟十来岁相比长进了；三十岁的时候，跟二十岁相比又长进了；如此他们虽然焦虑、迷茫，但他们永远活在"不断优秀于过去的自己"的人生之中，结果他们不知道他们跟过去犯下的是同样的错误。所以他们的焦虑依旧，迷茫依旧。

　　为了突破这样的认知困局，包括从信息茧房中突围出来，我有过极为痛苦抑郁的时光。很多金庸迷都以为自己是令狐冲、段誉一类的人物，我也不曾例外。但时过境迁，我发现自己并没有活过令狐冲那样侠骨柔情、亦剑亦箫的人生，我的生活反而有着郭靖和欧阳锋那样奇特的混搭。我用郭靖那样最笨拙的方式过了欧阳锋那样最为倒行逆施的生活，也因此，我虽然长年不废读写，但我的生活经常会有一日长于百年的感觉。

　　很多人在人生下半场开始的时候，要么觉

得更忙了，要么觉得时间大把大把的不知道怎么打发。对我来说，这两种感觉也是奇妙地统一在一起。忙碌和安静常使我晕眩。我喜欢的大艺术家说过："我像斯芬克司，坐在沙漠里，伟大的时代一个一个过去了，我依然不动。"有一个皈依的前辈曾告诉我，他看着自己的外孙天真的样子，有一种将孩子交给污浊世界的怜悯和不安。我曾经深以为然，后来反省，我明白，每一代人来到世上都有自己的功德和荣耀。我曾经说过，教育好自己进而影响周围的人是我们现代人的责任。今天我要说，打开自己并以上百种方式实证自己也是我们的责任。

是为序。

余世存
2024 年 4 月

第一章 探索·修正

一、于读书中发现，贴切安顿

003　01. 于读书中发现，贴切安顿
004　02. 读经只读孔子就偏了
008　03. 给自己创造一个阅读世界
011　04. 读点儿让自己累的书，挑战一下自己的心智
013　05. 学习能让我们知道自己的德行
014　06. 学会阅读，得到健康的内在秩序和外在生活
015　07. 在人生过程中保持足够的开放
016　08. 不断发掘人生的觉性，探索、修正

二、不阅读，不思考，我们就会成为别人的工具

017　01. 开阔视野，超越非此即彼
018　02. 什么是真正靠得住的东西？
019　03. 与其焦虑，不如积累
020　04. 先知启示，甚于圣哲
021　05. 不要被时代"绑架"，不过碎片化的生活
022　06. 读书不是一件功利的事情
026　07. 如饥似渴地阅读是青春的一种生命态度

三、每个读者都在增加经典的意义

028　01. 读不出经典的好，是因为你跟它存在"时差"
030　02. 找一个立得住的参照系与标杆，去打量我们的生活

034 03. 以学益智，以学修身

036 04. 经典是我们可以安居乐业的"家"

039 05. 在阅读经典中成全自己、安顿自己

041 06. 经典远没有进入日常生活

042 07. 通过不断地阅读，

　　　　真正接触人生、社会的真相

043 08. 阅读原典，展开原典

045 09. 阅读和写作，可以安身立命

四、个性的寻找，需要经典来垫底

048 01. 启蒙之后，还是要回归经典

049 02. 你寻找，就能找到

051 03. 选择跟自己的性格、性情比较合拍的经典

053 04. 我们对自家的文化，到现在也没有安顿好

055 05. 个性的寻找，需要经典来垫底

056 06. 我仍然在力图安慰世道人心

视野·信仰 | 第二章

一、移动互联网时代，我们应该活成什么样子

061　01. 知识人的思考与社会期待的距离
063　02. 用中国的符号来表达人类情怀
065　03. "应该"其实就是正义
067　04. 所有传统的文明都值得尊重
069　05. 多维地看待当下的自己
071　06. 移动互联网时代，我们会活成什么样子

二、通过了解历史人物，找到立身的坐标

073　01. 通过了解历史人物，安顿我们的当下
075　02. 你可以勇敢地运用你的理性
076　03. 我们现在需要公民式阅读、常识阅读

- 079　04. 要承认别人的文化也是美好的
- 081　05. "类人孩"现象
- 083　06. 真正善于安顿自身的人，
　　　　　无论在哪里都能安顿好自己
- 088　07. 中国仍然需要鲁迅

三、在"家世"里安身立命

- 090　01. 亲情和血缘，最后的防线
- 092　02. 宗亲文化至今仍根深蒂固地影响着人们
- 093　03. 回家，去爱你的家人
- 095　04. 以自己或家人为起点，往而有返

四、我们该回到怎样的生活？

- 099　01. 我们该回到怎样的生活？
- 100　02. 我们大部分时候一定是理性的

103　03. 寻找自己的坐标感
105　04. 我们不需要妄自菲薄
107　05. 视野和心胸决定我们的选择
111　06. 坐下来，从容一点儿，
　　　　更优雅地表达我们的感受
114　07. 把自己的生活过得有规矩一点儿、
　　　　有尊严一点儿
117　08. 要找到跟传统连接的方式

五、利用"时间差"校正自己的位置

119　01. "但开风气"两百年
121　02. 相同的时代，共通的浪漫
122　03. 建构个人的历史观念
124　04. 利用"时间差"校正自己的位置
127　05. 思想大家的书能给我们提供答案
130　06. 在今天的基础上开出个人的当代性
131　07. 有困惑的朋友可以读读《易经》

第三章　安身·立命

一、我希望时时回到历史里

135　01. 每一句话都是历史的产物
136　02. 把自己变成一个丰富表达的载体
137　03. 每个人都有意义
138　04. 运用自己的理性成为自己
139　05. 对历史的认知需要不断更新

二、有对安身立命的期待，就有对历史的信仰

141　01. 历史本身就会说话
142　02. 为年轻人破除成见、守护常识
143　03. 自由意志会让你对人生有整体的把握
144　04. 有对安身立命的期待，就有对历史的信仰
146　05. 内心的东西不够强大，才会受到诱惑
149　06. 站在人性的角度来看历史

三、我们都在追求庸福，同时矮化着精神

151　01. 宗亲家国世界里的我们

153　02. 家的意义是什么？

155　03. 每个人的故乡都在沦陷

157　04. 传统的家人关系正在解体？

158　05. "回家"是我们认识自己的一种方式

四、安身问题由立命问题来解决

160　01. 跟经典相遇，有勇气、有信心面对一切

162　02. 安身问题一定由立命问题来解决

164　03. 一个人的坐标，是在不断寻找、不断适应的

166　04. 我们的认可跟我们自己的实际选择已经分裂

168　05. 世界上根本没有什么大事，
　　　　真正的大事在你自己的内心里

172　06. 面对人生得失，用心接纳与应对

第一章　探索　修正

01

于读书中发现，贴切安顿

大学时候（20世纪80年代末），我的阅读受西方文化影响很深，直到现在我都拒绝看或很少看中国电影。西方的人本主义对人的尊重比较突出，而在中国的文艺表达中，我们常常或搞笑或宏大的叙事，忽略了个人。

直到今天，我们的社会仍非个人本位，而是官本位、故事本位、物质本位。受"五四"影响，我在青年时代对中国文化本能地排斥，认为中国传统不利于现代化。后来一直在调整，到今天才渐渐走向平和，我既接受东方，也接受西方。

于读书中重新发现，我们自己的作家、学者，也有很厉害的。比如他们有莎士比亚，而我们有关汉卿；他们有苏格拉底、亚里士多德，而我们有孔子、老子这样的人。一步一步经历、转化后,我发现自家文化也有贴切安顿人的功用,这个阅读的过程伴随了我半辈子。

20世纪90年代,有几年的春天我都会重读一遍《庄子》。每次的阅读点都能够让我兴奋,使写作出现转机。2009年到贵州游玩时,看到德国作家黑塞的《悉达多》,一本探索心理式的小册子,我觉得,我应该也可以写我们自己的故事。

后来在杭州,我用了半个月把《老子传》写完,一口气写到底,写得非常快,几乎是我的个人创作中最好的作品了。据说黑塞的那本书是美国大学生的日常读物,半个多世纪印行极广,要是我这本书也能成为大学生或高中生的日常读物,那就好了。

02
读经只读孔子就偏了

十多年前,我在日本旅行的时候,看到每个旅馆基本上都会在房间内放一本英文和日文双语的佛经,还有《圣经》。今天

在东京，明天到奈良、冲绳，不管在哪个旅馆，都可以接着读。这种潜移默化的延续性，让人印象深刻。

美国的旅馆内也会放经典读物，以《圣经》为主，还有其他文学作品。这样的小细节能让人感受到一个社会对文化的继承，经典文化是他们随处可见、随手可触及的背景。"五四"以后，我们多少缺了这种共通的知识背景。

我游说了不少人，后来学兄李克先生咬牙，组织人花了三年时间，给先秦经典作了汇注，从《易经》《尚书》到"孔孟老庄"，多达一百二十万字。

现在看来，每个民族文明成长的早期，几乎异质同构。我们跟西方文明没有本质不同，我们也有自己的《创世记》——《易经》《尚书》；有自己的《利未记》——《礼记》；有自己的《雅歌》和诗篇——《诗经》。我们还有自己的"四大福音"或"七大福音"——"老子福音""孔子福音""墨子福音""孟子福音""庄子福音""荀子福音""韩非子福音"；有自己的启示录——《易传·系辞传》《庄子·天下篇》《大学》《中庸》……

所以，读经如果只读孔子就偏了，只读一家"福音"，就像把中国文化拦腰斩断了。

03
给自己创造一个阅读世界

我们的学者对现代性包括现代生活的观察和分析，跟社会大众的要求是不太匹配的。城市的小资、白领或中产阶层，都还在努力寻找新的东西，反而我们的知识服务（或产品）跟不上来。

现在成堆的"读经热""养生热""灵修热"……令阅读环境相当严峻。而这其中也有知识人的责任，包括文化相关从业人员。快餐式的阅读盛行，很少有人能主动给自己创造一个阅读世界。

我们对新知的捕捉是不到位的，止步于"知道分子"，整个社会的心态没有沉淀。文明或世道进入"中年"状态，就如同人进入中年一样，面临着物质极大丰富而心智最为虚无的考验。

哈佛大学燕京学社的黄万盛教授近年转向了价值哲学领域的研究。我问他为什么。他说，在美国纽约街头的一项随机调查中，大概90%以上的上班族诚实地承认自己不幸福。现代生活出现了很严重的危机：如何为现代人提供生存的价值？他找

到了四个关键词：安全、公益、信赖、学习。其中，最基本的价值就是学习，学习的价值。

孔子语录的第一句话便是"学而时习之"。"学习"不应只是古代的圣人意识，也应该是现代国民的意识。学习是人的一生中最重要的价值之一。对我们来讲，最主要的学习方式就是阅读。

04

读点儿让自己累的书，挑战一下自己的心智

现在社会上流行快餐式、图片式阅读，它的结果是使人们越来越不爱读书、越来越浮躁，所有的人最终都会变成"知道分子"，这个社会则会变成低智商社会。

我记得我看得最难的书，是胡塞尔的一本现象学著作，它似乎给人这样一种感觉：你连第一个字都看不进去。我看这本书的时候，时常三天才能看完一页。

中国人似乎有一种思维习惯，即在心智上看不起西方人，觉得西方人在科学、理性思维上很厉害,但在心智方面的研究则很少。似乎什么都挑战不了中国人的心智。其实不然,比如胡塞尔,我读他的书,一直都是在挑战自我,挑战我的阅读习惯,挑战我的知识系统,最重要的是挑战我的心智。

如果一本书读起来很艰难,可能有些人就不会读下去了,不过我倒觉得很有意思。不管懂不懂,能够把一本很难的书读完,这其实也是对自己的一种训练。我觉得人的一生总要读一点儿让自己很累的书,挑战一下自己的智慧和心智,不要总是为了休闲、放松而读书。

不肯挑战自己的智商,甚至不肯使用自己的智商,这显然不是一件好事。一个社会,总要有能够沉静下来的人,总要有能让人沉静的书。如果所有人都浮躁,都只奔着功利而去,连读书都不能幸免的话,那是一件很悲哀的事情。

05
学习能让我们知道自己的德行

有个最简单的道理：现代社会的国民都有责任在漫长的人生中教育自我。不是说大学毕业了就不用对自己负责了，顶多看一下养生的或者实用的、快速的东西……其实，对心灵的探索也很重要，成长是一个延续的过程。如果用佛学解释，我们都是在"造业"，现代生活的灾难是我们的"共业"。

在久远的因果律之外，我们还受制于相关关系。信息文明的一个趋势是进入了大数据时代，其关键原则就是在传统的因果关系之外要注意人们生活的相关关系。比如，有很多人在骂北京的雾霾天气，然而骂者中有许多人在开车、抽烟，制造污染。这就是大数据视角下人们的相关关系。比起单纯谈论道理、因果，抱怨他人，这种调研知识更能让每个人知道自己所处的位置。

学习能让我们知道自己的德行。因此，我们首先有责任把自己教育好、救赎好，不沉沦，进而影响周围的人，负起更多的责任。从这个角度看，学习和阅读是要持续一生的事情。

06
学会阅读，得到健康的内在秩序和外在生活

读书也有次第。怎么确信自己走在正信之途？如何保证阅读的平衡？家庭、学校和社会教育的平衡，做不到就有可能出现次第错误，或者有往无返——进去了出不来，不能得到较为健康的内在秩序和外在生活。本来应该是发现情感、发挥想象力的时候，最后却把精力都耗在了逻辑推理上；本来应该是学习培养理性思辨的时候，却任性冲动……这样的人，一辈子都不会阅读，也不会生活。

有的人读书很深，但后来看再多的材料或再多的书，引经据典不会超过几本书。这说明他肩上扛着的不是自己的脑袋，而是那几本书，他的思考不会超过年轻时读书的某些维度。

因此，要学会阅读，要学会健康地生活。如何做到这一点呢？我觉得需要用更高的意识来观照自己的当下，而不是活在本能中，活在拥有中。

回看整个知青一代的文化烙印和心理结构，基本都定格在年轻时候，可知心智的反省和打开很重要。

07
在人生过程中保持足够的开放

按照星相学或《易经》的表述，每个人在一个太阳年里取得的知识和能量是非常有限的，但是通过自由意志可以尽可能地走向圆满。当然，绝大部分人做不到。但阅读可以救济、救赎我们。在人生过程中，要保持足够的开放。

有一个有趣的现象：你发现自己的同学、朋友间的差距越来越大，很多人的心智停滞不前，停留在只认同某类集体意识或无意识。有人观察说，中国人哪一年出国，他对中国和世界的认知基本就停留在那一年国人的群体水平。很难改，也很少有人改。这种现象挺有意思，也挺可怕的。

比如1992年之前到美国去的人多是反"官本位"者，社会也在骂官倒，他们到现在还在批评政府；1995年出去的人即使曾经是愤青，是嘲笑"官本位"者，但因社会有发展的空间和活力，这些出去的人就认同了中国的发展，即使他们享受着外国的好处，仍然把"中国好，西方不过如此"当作真理来宣扬……

08

不断发掘人生的觉性、探索、修正

周国平先生说过一句话,大意是一个负责任的现代人,要想生活得有意义,应该是始终处于思考状态的。

每个国民都有自己的责任,知识分子也有。很多人回忆当年去木樨地拜见梁漱溟老先生的情景:进门看到他坐在椅子上,盯着来访者,两眼如电,使人的俗气、惰性甚至贪念瞬间消失,而聊天时老人家又非常亲切、平和。

这就是知识人的人格力量,知识人就有这个气场。望之俨然,即之也温。使浊者清,贪顽者廉,使懦者立,怯者勇强。

可见,阅读也是一种修行,身教更重于言教。我们要不断发掘人生的觉性、探索、修正,才能享受真正的心灵自由。

01
开阔视野，超越非此即彼

学习、阅读，几乎是持续一生的事情，它能让我们知道自己的德行。以我的个人经验而言，阅读能够拓展人的心胸，能够影响人的精神、气质。

我是地道的农村孩子，从一个狭小的地域走出来，后来我的文字、格局和视野之所以不是那么狭小，很大程度上受益于阅读对我的影响。

此外，应从百家的经典中汲取营养，而不是只看一家的东西。年轻时我受鲁迅影响很深，当一些人赞扬胡适、批评鲁迅时我就会心有不满，但后来我又在胡适身上发现了很多了不起的东西。

很多人常常站在西方科学、理性的立场看问题，提到中国文化时会认为压抑、束缚人性，但我在阅读中发现中国文化有很多正面的东西。

> 二　不阅读，不思考，我们就会成为别人的工具

我现在既接受东方，也接受西方，而不是像一些朋友抱着非此即彼的态度。只有超越这种态度，我们的视野才会开阔，才能得到真正的营养。

02
什么是真正靠得住的东西？

我年轻时在北京生活，认为自己一天都离开不了北京，一直追求北京生活的那种"在场感"。但等我跑到大理生活，我第一个月就感受到过去的想法都是很虚的，是靠不住的，于是开始追求真正靠得住的东西。

人一旦脱离自己熟悉的生活环境久一点儿，会马上意识到过去的虚妄。我觉得还是应该敢于冒险，要坚持年轻时的一些梦想，尽可能在年轻时多看一看，多走一走，多交一些朋友，不要固守一些东西。

说到孤独感，这是大家在青春期都会有的一种感受。人需要这种孤独感，我们在年轻时要多品尝人生的苦味，无论是饥饿、劳累，还是孤绝。要有这样的情怀，而不是被现代城市所谓的生活神话所诱惑，认为一旦离开学校参与社会生活，便要去享受，去消费。不应该这样，我们应该去追求更有价值的东西。

03
与其焦虑，不如积累

现代人被当下的"存在感"绑定了，很少有人会从长远的角度，如五年、十年，甚至人生百年，来规划自己的人生。

我不是在教导人们要立足百年来规划，而是希望人们在三五年内的生活中，有时间想一想长远计划，想一想自己生存的品质，想一想自己当下的努力是不是人生有效的积累。

我在《时间之书》里写过一句话："年轻人，你的职责是平整土地，而非焦虑时光，你做三四月的事，到八九月自有答案。"

年轻人跟物质利益的挂钩如此快速，或者如此贴近，我觉得是有问题的。拿我自己来说，我是北大毕业的，但我直到最近这几年，生活才稍微稳定下来，才拥有自己梦寐以求的书房。毕业之后这二三十年，我都在做什么？都在"平整土地"，没有因买房、买车这样的事情焦虑。所以，只要把自己的事情做好，到八九月份自有答案。

这之后我一年出了六本书，很多人觉得这有些不可思议。可能就是因为我在前面那二三十年没有白费光阴，认真做了一些积累。

04
先知启示，甚于圣哲

《非常道》出版之后我一直在读书，并到云南大理生活了一段时间。当时我感觉文化界和知识界对中国文化还没有特别好的"安顿"，没有回答什么是真正意义上的中国文化。

我站在现代的立场上开始有自己的体会，发现中国文化的典籍对现代人依然非常有启示意义，所以这几年的工作逐步转向对中国文化的重新解释和发现。

比如在写作《先知中国——中华文明轴心时代的伟大智者》的过程中，先秦的先知们给我的启示就很多。首先，我从先知那里读到了一种人生的大格局，那种人生之大与天、地构成"三才"关系，个人活在天地之间。其次，先知的思维方式让我明白当代人的理性思维、唯物思维是不够的，先知对世界的观察有目击道存的能力。

在我看来，先知给人们的启示不比后来的圣哲给人们的启示少。

05

不要被时代"绑架"，不过碎片化的生活

如果一个人在青少年时期就打下很好的精神基础，可能对他有事半功倍的效果。但如果一个人受社会影响，被时代"绑架"，比如很多年轻人的生活和人生全部是碎片化的，那他的心智、精神结构和人生意义是非常不完整的。

不过，他最后还是要回到寻求圆满和完整的人生道路上的。就像很多人提醒我，不要过分看重"网生代"目前的生活形态，他们没有特殊到游离在人类之外。

以纸质书为例，现在"网生代"不爱看纸质书，但三四十岁之后，他们还是会回归纸质书阅读，精神层面还是会有需求，在以后的路上还是要补回来的，如同一台电脑用了十天半个月要修补漏洞一样。

现在的"网红"只是一种不成熟状态的表现。"网红"是即时、新颖的，缺乏沉淀、过滤。人们的交往沟通和经验表达经过沉淀、过滤之后是一种冷静态，比如承载知识信息的产品——报纸、图书等等。越是后面的产品，越是经过多种过滤的产物，它们跟大红大紫的"网红"是两种状态。

06
读书不是一件功利的事情

现在的父母、学校的老师，还有社会，对个人存在的判定是不够完备的。我们整个社会还是过于把人当成工具了。虽然

不要融時代綁架米又过辞片化的生活

我们喊的口号格调很高,好像生命重于一切,但事实上通过房价浮动就可以看出人在中间扮演的工具性角色。比如说房价政策一改,很多夫妻就要求离婚,因为离了婚就可以买第二套房。这里面确实有合理性的成分,要理解人性的庸俗化。但这样的事如果成为大家都习以为常的事,那就可怕了。

学校也是如此,把孩子的培养当作一个任务来完成,并没有把学生当作一个有无限创造力的人去尊重、激发和鼓励。有些学生的头脑看起来是一片空白,一旦被激活,就会爆发无限的创造力。

"尊重生命""终生学习"这些口号喊起来很容易,但是我们怎么才能在日常细节里让人觉得自我教育与自我完善确实需要通过不断学习来完成呢?

以我自己举例,这么多年在体制外生活,我对自己比较满意的一点,就是一直没有放弃思考问题。这既是在挑战我个人的生活方式,也是在挑战我作为中国人、作为人的一员的心智。它诱使我去读书、去探索,使得我这么多年还能得到一些东西。

我大学毕业的时候去见过一个知名的文化人,在和他聊天的时候,我跟他说自己最近没什么书看,希望他能推荐一本。他居然很郑重地说:"现在还读书干什么,从小学到大学读了几十年还不够吗？你应该赶紧去工作，赶紧去挣钱，赶紧去创造。"他用了一串慷慨激昂的排比句，我觉得很纳闷儿。大家把读书看得如此功利化，从来没有想过，其实自我教育是要伴随我们终生的。

07
如饥似渴地阅读是青春的一种生命态度

我曾遇到一位老先生，他是桐城派一位文化大家的后人，原名叫方管，笔名叫舒芜。他在抗战期间流落到重庆，当时穷得每天只吃一碗酱油泡饭，吃完就跑到书店里看书。那是中国的抗战时期，他看到很多人在那儿如饥似渴地读书，而且都是跟他一样的二十来岁的年轻人。今天看不完，没有钱买，就记住看到多少页，明天再来看。后来他能够在文化界脱颖而出，成为一个文化大家，用他的话说，都得益于年轻时候的那种阅读。

所以，我觉得年轻人不要怀疑，不要大学刚毕业就开始立定物质目标,而一定要立定你需要有五年、十年的游学时间。这种游学不一定是要考文凭,而是说你要跟更多的人交流,去阅读更多的东西。就是我们古人说的"读万卷书,行万里路,交四方朋友"。

三 每个读者都在增加经典的意义

01
读不出经典的好，是因为你跟它存在"时差"

曾经有一项很有名的调查，是关于中国和西方大学生阅读最多的书的对比。在清华大学图书馆，高居借阅榜第一名的是路遥的《平凡的世界》，第三名好像是刘慈欣的《三体》，都是当下流行的书、时尚的书。

但是，英美大学生阅读最多的书当中，肯定有三本书是古典名著，比如说亚里士多德的《政治学》和《尼各马可伦理学》，以及柏拉图的《理想国》——它们基本上是英美大学生借阅量最高的三本书。

可见，我们和西方的阅读有质的区别。

中国人跟当下的关系过于紧密，而跟经典之间则是有"时差"的。这个"时差"一时半会儿不太容易消解。

以我自己为例，我与《金刚经》这部经典的"时差"可能有二十年，我跟《孟子》的"时差"大概有十年。

因为觉得艰涩，我最开始读《金刚经》时一度读不下去；但二十年后重读，一下就读进去了。现在我已读过《金刚经》不下百遍，和它已没有距离，可见我花了二十年时间才把我和《金刚经》的"时差"倒过来。

大学的时候读孟子的书，我真的没有看出这个人好在哪儿；但十年以后再读孟子，我真的觉得这个人很了不起，而且对他的精神、气魄，还有他的关怀，有一种同情的理解。作为当下的知识分子，我们的格局、我们的气象，真的没办法跟孟老夫子相比。所以，第二次阅读，我认为自己是真读进去了。

这是我跟经典的"时差"。如果意识到自己的心智、兴趣与名著有距离的话，要承认我们和它之间是有"时差"的。

在这个时代，我们要对经典有信心，它们是整个人类文明的财富，我们不应抛弃它们。如果某本名著你暂时读不下去，也不要对它丧失信心，先找到能与你对接的名著，让它加持你的精神，带着你往前走。等你重新再看那本曾与你有"时差"的书，就容易了。当"时差"消失的时候，它就会对你敞开，你会发现它很了不起。

02
找一个立得住的参照系与标杆，去打量我们的生活

孔子说："吾十有五而志于学，三十而立，四十而不惑，五十而知天命，六十而耳顺，七十而从心所欲，不逾矩。"这也是我们人生的参照系与标杆，它时时刻刻打量着我们，看我们三十岁能否独立做事情，四十岁能否通达事理，不被外物迷惑，五十岁能否知道哪些是不能为人力所支配的事情，六十岁能否听得进不同的意见，七十岁做事能否随心所欲，不会越过规矩。如果没有做到，那我们的人生就是不合格的。

我认为曾国藩和蒋介石都没有真正做到"四十而不惑"。他们"不惑"的年龄要滞后三五年，也就是说，到四十五岁才有"不惑"的感觉。这些我们从曾国藩、蒋介石的传记中就能够感受到。

人一旦过了"四十而不惑"这道坎，在人生的舞台上就能够无私无畏，"苟利国家生死以，岂因祸福避趋之"。左宗棠就是这样的人，他抬着棺材出征，最终收复新疆，为维护国家领土完整立下汗马功劳。

找一个靠得住的电线条
无线电去打扰我们的生活

此外，孔子说的"知者不惑，仁者不忧，勇者不惧"，也是我们生活的参照系与标杆。

人一定要找一个真正立得住的参照系与标杆去打量我们的生活。否则，我们就会被潮流裹挟，陷入虚荣和虚无而不自知。因此，我们不仅要读经典，更要善于读经典。

如果我们只是机械地识文断字，就难以打开经典的"封印"，更难以获得智慧。仍以孔子的话为例，我们还要能够从中看到孔子的为学进程："乃少年时发于礼，中年时进于仁，中年以后治《易》有所得，乃挟其礼与仁，融通于易道。"具体来说就是：

"吾十有五而志于学，三十而立"，这是孔子学礼有成；"四十而不惑"，这是孔子对于仁之心得的真切认知。礼与仁，一外一内，不脱人道范围。"五十而知天命"后，孔子进入天人思想阶段，"知天命"是由"人道"上贯于"天道"；"耳顺"是由"天道"反照"人道"；而"从心所欲，不逾矩"则是天人融通至于无碍。孔子曾说："加我数年，五十以学《易》，可以无大过矣。"

03

以学益智，以学修身

孔子最重要、最有价值的思想不是仁爱，而是学习。说到学习，就表明了一种开放性。学习能成为现代人的人生价值，既是现代文明的需要，也是现代人的责任。

我们每天都从手机上看到大量的知识、信息，如果没有学习的精神或态度，这些知识和信息就是垃圾。但我们知道，手机上的信息并不全是垃圾，而且这些信息时刻在更新。只有狂妄的人、故步自封的人，才会对手机上的信息视而不见。

这些年，我特别感动的是年轻人有学习的劲头，尤其是"80后"父母对传统文化的补课让人很惊喜。我把孔子思想中的"学习"提出来，跟我们现代人沟通，就是想让大家清楚孔子的思想非常接地气。

对孔子的重新解读，说到底是为了体现当代人的生命质量，即当代人能否清晰认识到自己的生命处境。所以，重新解读时，我首先要解决的，是必须让孔子观照现实。如果孔子活在今天，他也会穿皮鞋，他的英语会比我们大家的都要好。我说过，孔子对当代人的告诫或建议是：采用公历时间，享用各国产品，保留中国元素，怀抱人类情怀。

我们一定要从人类文明史的角度看人类文明的大融合，要有开放、包容的心态。我们接纳的意识文化越多，拥有的用于创造的文化资源就越多，这样才能为自己、为这个文明世界提供更好的服务。

读书是一个需要长期付出辛劳的过程，不能心浮气躁、浅尝辄止，而应当先易后难、由浅入深、循序渐进、水滴石穿。正如荀子在《劝学篇》中所说："不积跬步，无以至千里；不积小流，无以成江海。"

我们应该把读书学习当成一种生活态度、一种工作责任、一种精神追求，自觉养成读书学习的习惯，真正使读书学习成为工作、生活的重要组成部分，使一切有益的知识和文化入脑入心，沉淀在我们的血液里，融入我们的行为中，以学益智，以学修身。

04
经典是我们可以安居乐业的"家"

阅读经典,对当下的中国人而言是精神重构的需要。但在全球化的今时,我们不仅要阅读中国的经典,也要阅读人类其他文明的经典。只有这样,我们的文明与精神才可能是完整的。

我认为我们要用一颗平等的心去阅读经典。比如读孔子的《论语》,我们不要把孔子看得那么高而玄,就把孔子当成你身边的一位老师。你看他的语言多么平实:"有朋自远方来,不亦乐乎?"

阅读时文令人头脑混沌,阅读经典会让人打开头脑、打开心智。

经典中有不少是文言文,大家阅读经典时觉得神秘,或晦涩,或"高大上",总想仰视它,但其实经典没那么神秘。当代人和经典的距离太远,我们要把经典真正还给普通读者,将经典平实地归还于大众。

而且,经典的意义不是固定的,每个读者都有资格去解释,每个读者的理解都在增加经典本身的意义。

所以说,阅读经典不仅是消费,更是责任。只有阅读经

經典是我們安居樂業的家

典，才能激活经典，积极参与当下生活，使生活更富有意义。这才是一种好的阅读。在我看来，当下生活是有限的、片段的，经典作为参照系与标杆，能让我们知晓其由来与去处，使阅读成为建设当下生活的重要手段之一。

我们曾流浪过，经过探索重新发现，其实经典是我们可以安居乐业的"家"。

05

在阅读经典中成全自己、安顿自己

经典是文明演进的界石、台阶。在知识爆炸的时代，这些界石、台阶需要我们去一一领略。在日常生活中阅读经典，是我们成全自己、安顿自己的方式。

马云认为，古代圣人完全能够解读今天的人心。他曾感叹："哪是我在读老子，明明是老子在读我，而且他读到了我内心的最深处。"有了这样的感受，读经典就上了一个台阶。

老子所著的《道德经》虽然全文只有五千多字，却指明了天地人世的运行发展规律，大至天地，小至尘泥，修身、养生、处世、治国，万象森罗。比如，它谈天地法则："道生一，一生二，二生三，三生万物。"它谈为人之道："上善若水，水利万物而不争。"它谈处世原则："金玉满堂，莫之能守。富贵而骄，自遗其咎。"

有人说，《道德经》不是用来读的，而是用来悟的。它就像一把"尺子"，哪里做得好，哪里做得不好，用它一量就全知道了。

与一般阅读有所不同，阅读经典是一种自我打开，把自己从外在世界中找回来。这也是判定一个人是否把经典读进去了、是否量出了自己的一把"尺子"。互联网时代，知识易得，智慧难求。遗憾的是，现代人容易忽略经典，倾向于在网上冲浪获取知识。

我们要找到自信。很多人认为自己活得非常偶然，这个世界跟自己没有关联。而经典能让每个人找到自己，找到自己跟这个世界最深刻的联系。如果你找到自己跟这个世界的联系，你的身心就能够得到安顿，进而创造更高级的文明。

06
经典远没有进入日常生活

中国从近代以来,就是知识分子在推动民族文化转型。在这个过程中,他们打掉了一些东西,比如说废掉科举,把孔子请回诸子行列,就是把"经学"改成"史学"和"子学",这个工作做得很好。但是,他们没有做进一步的工作,没有完成原典的社会化和普及化。

像《论语》这些原典的解释权,都掌握在知识分子手里,而他们相互之间还要"打架"。你要看《论语》,可以看于丹、李零、李泽厚、南怀瑾的解读,每一个人都会在老祖宗的经典上面盖一个自己的印章。被认为解读最符合《论语》本意的,像钱穆和杨伯峻,他们两家还"打架"呢。

所以,中国的经典跟当代中国人是有点儿绝缘的。我们对原典的理解只能是片言只语的,整个原典的那种体系,我们没有把握,也没有让经典进入日常生活,这是一个遗憾。

07
通过不断地阅读，真正接触人生、社会的真相

《一个人的世界史》算是"非常道"系列中一部特殊的作品。"非常道"这个系列还包括《人间世》《非常道》，都是写中国的人和事。

我编《一个人的世界史》这本书的一个出发点，就是觉得我们所处的时代出现了一点儿问题。我们认为自己处在一个非常开放的全球化时代，但实际上我们的心灵、我们的思维好像进入了某种关闭状态。这些年社会的发展也印证了我当时写这本书的初衷或者预言。

当然，我也不能说我自己就很开放，或者说我自己就做得很好。前几天我还在读胡适的日记，读着就感觉特别惭愧。一百年前，一个在中国读书、后来又到美国留学的年轻人，他的阅读面、阅读视野是我们没法儿比的。

胡适有充分的世界眼光、国际视野，他的阅读、对话都是世界性的，但同时他的日记中又频频出现中国的典籍。我就发现他对老子、墨子、孟子、《论语》等的熟悉程度，即使是当代

读者，甚至是我们的学者、知识分子，都是很难比的。

所以，当下还是要通过阅读改变我们的心智、格局。其实我和很多人一样，在人生、社会当中，一定是要冲出去获得什么的，比如获得一种生活方式，包括名利、车子、房子，获得安全感。但同时，我们可能也要注意，我们自身、我们的内在，从青春期到成年的过程中，可能会出现很多故障、很多短板、很多缺陷、很多漏洞。所以我们一边需要生活，一边还需要去除我们的故障、短板。去掉短板的一种方式，就是通过不断地阅读，真正接触人生和社会的某种实相、某种真相。

08
阅读原典，展开原典

说来很惭愧，作为北大中文系的学生，在大学期间，中国的很多原典，我并没有好好读。那个时候我连《论语》都没有看全，《道德经》就看了一点儿，直到大学毕业之后才补课。

我一直说我跟经典之间是有"时差"的,包括在《自省之书》里面提到的《孟子》。对《孟子》这本书,我最初特别反感,因为那时候我对"社论体"文章特别反感。"社论体"文章,向上可以追溯到韩愈,从韩愈再往前,就追到孟子那里去了。我当时认为孟子强词夺理,但是多年后等我把《孟子》全看过之后,我觉得孟子很了不起,他的视野、他的关怀,当代很少有人能比得上。

《墨子》也是。我大学的时候翻看《墨子》,完全不能理解,认为墨子讨论的话题格局很小。包括他谈一个国家怎么保护自己,谈了七八条,好像都很小儿科。但是后来去云南乡村生活,跟村民聊天,我才发现,怪不得墨子代表小农生产者,代表小工业生产者,他的思想格局有非常非常合理的地方。

作为一个"60后"读书人,或者说中国的知识人,我对中国原典的认知有很多空白。我在《自省之书》中写下了作为一个中国的知识人,我在阅读中国原典的过程中感受到的其内容和当代的关联。很多解读中国原典的人,可能是站在思想史或学术史的角度,而我是从当下生活的角度,把原典请回来,看看它们是不是活的,是不是在当下仍然有意义。当然,现在已经不需要证明了，只不过我希望能展开得更多一点儿，让大家意识到，我们当下还是需要阅读原典的。

09
阅读和写作，可以安身立命

现在的在线阅读、手机阅读软件非常多，像新浪读书、微信读书，上面也有很多很好的书。相比翻阅纸书，它是另外一种阅读体验。无论是阅读纸书，还是在手机上阅读，都值得提倡。

而短视频这种东西，我们应该知道它的存在，但是不应该沉溺其中。我们确实应该形成一个共识，而不应该简单地说，年轻一代人生活在网络上，他们就是网络人，他们愿意刷抖音就让他们刷吧。这是不对的。我们自己应该以身作则，成为一个自律的人，时时告诫自己如何节制，让自己做事更有效率和成果。这就需要回到"中间状态"，一方面是非常快速、信息量非常大、不断有新信息涌现的生活，另一方面我们又需要适应一种非常慢、非常安静，甚至一个人长时间独处的状态。

我现在的状态就是这样，每天如果没有静坐、安静下来的时间，就会觉得很难受。一旦形成静坐的习惯，就会觉得非常舒服。哪怕你安静一小会儿，然后再去拿手机处理事务，效率也会提高，而不会被手机俘虏和绑架。

站在我自己的角度，我觉得一个人能够喜欢读书，爱上读书，是一种福报。在当下社会，能够像写书法的人一样安安静静地写字，能够安安静静地读书，都是很大的福报。因为阅读的时候我们能跟书中的世界、丰富的灵魂对话，不会感到孤单。

这个世界无论荒谬也好，不正常也好，都不是绝对的，它一定会迎来一个新的阶段。我们通过阅读能够完善自己，这样在机会来临的时候，才可以更有效地服务于亲友，服务于周围。

以我自己为例，年轻的时候摸爬滚打，跌跌撞撞，经历了很多苦难。但是通过阅读，我能把一些感受写出来跟读者分享，读者也能接受，并鼓励我继续写出更多的书。这就说明阅读和写作，其实是能够安身立命的。

很多人问我："老余，你到了这个程度，是不是就没工夫读闲书了？你可能就是为了写书而读书，为了写书而去买一大堆很实用的书去读？"不是这样的，我还是经常能够从阅读中感受到一种休闲的快乐，感受到一种人生的幸福。

所以，能够认认真真读书，是一件非常有意义的事情。无论是阅读纸书，还是在网络上阅读，只要你读进去了，沉进去了，有一种沉浸式的体验，这段时光一定是无价的。

从现代文明、现代科技强制给予我们的消费模式中回到沉浸式阅读中，是我愿意倡导的。好好地阅读，从阅读中发现乐趣，发现快乐，发现生活的美好，这就是我想对读者说的。

四

个性的寻找，需要经典来垫底

01

启蒙之后，还是要回归经典

启蒙知识分子是一个日益边缘化、日益没有声音的群体。我作为一个启蒙知识分子，这么多年来所做的工作，除了启蒙，还有很大一部分是在回答我们跟传统之间的关系问题。

"新文化运动"以来的几代知识分子，在这方面做的工作可能是不够的。倡导"新文化运动"不久，胡适就发现还是需要给传统文化做个交代，所以那个时候就有了"整理国故"的运动。

据说傅斯年到了台湾以后，对学生的要求是能够背诵《孟子》，且都要上语文课。这说明几代启蒙知识分子在启蒙之后，还是需要回归自家的文化传统，而且需要解释自己跟传统文化之间的关系。很遗憾，当下中国的知识分子，很少有人能够捋清楚这种关系。

中国知识分子没有安顿好中国人，以致中国人在中国社会生活，却把异国他乡当作人生的终极目标。这是一个很令人遗憾的事实。到今天为止，我们的学者，包括我们的知识分子，仍然把走国际的"学术江湖"或者让自己的孩子移民异国他乡作为人生的一个目标。

在这个地方生活，在这个地方享有人生，能不能安身立命，我觉得知识分子对此还没有提供足够的答案。所以，这也是我在多年前，用很多朋友的话说，有点儿思路转向的原因。在完成当下的启蒙工作之后，我就把目光投向了古代经典，特别是中国的古代经典。

02
你寻找，就能找到

我从未想过国学能够拯救世界。我的《非常道》是关于近现代史的话语体著作，有人说它是当代的《世说新语》。重要的是，它不仅冲击了国人的史观，而且成为"微博体"书写的先河。

在我的阅读史上，有一段时间我痴迷于西方的存在主义哲学和现代派诗歌，但在工作和"北漂"生活中，真正触动我，甚至安慰过我一度忧郁的心情的，却是庄子。

《非常道》出版后，当时的我对天文学很感兴趣，便从天文学入手，直接研读夏、商、周三代的材料，这样就"撞"上了《易经》、河图洛书、天干地支。所以我这些年出版的书，既算人生的作业，也有我个人的文化自觉。

大概自 2000 年前后起，我就有勇气、有信心面对各家的经典了。

外国有句经典名言：你寻找，就能找到。我跟某部经典的"时差"，在于我自身有局限和缺憾。比如，我在遇到《金刚经》二十年后才顶礼了它，在遇到《孟子》十年后才理解了它，在遇到《易经》五年后才重新发现了它。可以想见，我个人的无明、偏见有多么严重。

至于普通读者跟中国经典的关系，我觉得读者要有这样的意识：阅读不仅仅是一种生活消费，也是一种人生责任，是人生中完善自己最好的手段之一。现代国民都有责任教育好自己，进而影响周围人。这种责任、这种教育，在很大程度上表现为国民跟中国经典的关系。这一现象我在年轻朋友的身上看到了。

年轻一代倡导"新中式"生活，可以说，中国经典是他们回避不了的生活背景。我相信，年轻的朋友不会被老一代人对传统的解释所左右，他们肯定会有自己的理解和解读。

对于某部经典，阅读法门仍是我说过的"专家会诊式"。比如读《论语》，不能只做南怀瑾的读者，只做李零的读者，只做李泽厚的读者，只做《论语》译注者的读者，必须对这些专家学者的意见都有所听闻，再做回自己，如此才是《论语》的真读者。

03
选择跟自己的性格、性情比较合拍的经典

如果去图书馆、书店，我们会看到很多经典，但现在我们跟经典之间缺乏"桥梁"，所以只能借助专家学者来建立我们和经典之间的"桥梁"。但是，很遗憾，关于经典的解读太多，每一个学者都会在经典上面写下自己的名字。这对于专业人员的阅读是有帮助的，但普通读者还是需要通识性的读本，应尽可能给出一个有确定性解释的读本，而不是互相"打架"的解释读本。面对经典，我们应该能更好地搭建起它跟现代人的"桥梁"。

但是，学院知识分子基本上使用学院派语言，社会化不够；国学读经派多被经典牵着走，现代性不够；启蒙知识分子则普遍失语。即使我本人在这方面做了很多工作，但有人说我的语言还是不够接地气，说我的语言是一种"雅言"，跟一般读者还有距离。

在信息碎片化时代，知识人在社会面前几乎失声。如果把我们的当代汉语分类，在主流语、自媒体语、网友语之外，学院语是最为弱势的。这造成了当代汉语的粗鄙化、空洞化、圈子化。

所以，经典阅读的普及可能需要全方位的工作，比如家长、老师、媒体人的推荐。读者也应该从泛读走向精读。精读一本好书，其实就可以对其他书有一定的辨别能力。希望大家能先对经典有个大概的了解，然后选择跟自己的性格、性情比较合拍的经典，长期阅读下去。在长期阅读的过程中，自然会对多家的观点、注解有分辨能力。所以，我觉得没有必要担心关于经典的解读良莠不齐。

在阅读过程中，我们需要时时回到原典。因为"00后"和"90后"亚文化的存在，对经典的解释可能会更加离奇。同时，通过网络搜索各家经典，可以很快找到各种解释。这两者让我相信，对经典的解读会越来越趋向公正。

04
我们对自家的文化，到现在也没有安顿好

当年，写完《非常道》，我就开始动笔写《老子传》。用一位学者对我的评价来说就是，《非常道》虽然是我的作品中影响最大的，但它并不算太好，我写得最好的书是《老子传》，可惜很多人没有听说过。但我仍很高兴，我如愿写完了《老子传》，而且得到了这样一个评价。

其实，在写《老子传》前后，我做过很多工作，还曾经写过一个以"先知"命名的专栏。这一系列工作，都是在回答一个当代知识分子跟自家文化的关系问题，而且我也想知道传统文化能不能加持当下的生活，能不能加持一个当代个体的心灵。

这一点，我觉得自己应该可以给社会或者某些读书的朋友提供一个样板，即通过我个人的读书和写作，给出一个还算正面的答案。其中有一些案例还蛮有趣的。

有一家媒体最早约我写专栏的时候，希望我写人物，后来我说其实可以写中国的节气，因为我当时觉得节气只有我能写，这是一个很独特的题材。结果，在《时间之书》付印的前一天，中国"二十四节气"申报人类非物质文化遗产成功了。所以，很多人说："老余，你这个人运气太好了，写一本这样的书都能变成畅销书。"

包括我写的《大时间》，虽然被人说有点儿像怪力乱神，但是在生活·读书·新知三联书店出版的时候，影响还是很大的，尽管很多人不愿意宣传这样的书。一直到现在，我们的社会、我们的读书界，对这样的书仍然抱有偏见。

可见，我们对自家的文化，到现在既没有安顿好，也没有一个正确的认知，使得很多想在现代社会立足的年轻朋友，对传统文化或者古代经典，基本上敬而远之。

05
个性的寻找，需要经典来垫底

我记得有一次在跟白岩松做"二十四节气"对谈的时候，他说很多人羡慕当代人，但是"90后"和"00后"的孩子觉得自己"压力山大"，又去羡慕自己的父母，羡慕"50后"和"60后"。

白岩松说，其实每一代人都不容易，想通这个之后，就没有必要说现在的年轻人多么幸福，多么有个性了，他们也不容易。为什么说他们不容易？因为他们该经历的必然要经历，比如说他们会经历生老病死的苦难，会经历社会不公的苦难……那怎么办？可以告知他们，人活在这个社会，不仅要寻找自己的个性，而且个性的寻找是要有经典来垫底的，没有经典垫底，个性就是空中楼阁，是泡沫。

我看过很多朋友写的传记，写得好的，他们自己可以成功突围。我感觉他们背后都是有经典支撑的。今天，在这个社会或者这个大时代的旋涡里，我们要保持自己的话，还是需要跟经典有血肉的联系。

就像巫宁坤先生被下放的时候,他随身携带的书,除了英美世界的名著,还有一本杜甫诗选,是他的老师冯至注解的。他靠杰出的作者与经典作家的书,能够支撑自己的艰难岁月,也能让自己的精神世界不会转向。从这个角度来看,我们很多人对读书的理解、对经典的理解,还是远远不够的。

06
我仍然在力图安慰世道人心

这个时代对知识分子的挑战是多重的。在权力、资本和时势面前,能否保持书生本色的生活是一大挑战。另一大挑战是知识下移,读者能获得的材料不比知识人少。我们也确实见过不少作者,只是把寻常知识重新编排一下就出版了,这是对读者的伤害。

这些年来,世人具有的欲望我也有,只是我并没有把自己完全交出去,没有投降。我也有过一两年的沉沦、沉默,有过人性的煎熬和至暗时刻,但从五年、十年的长度来说,我仍然在力图安慰世道人心，并希望每一位读者都尽力完成人生中的自我完善。因此，写作语题、知识材料，从来不是我在意的，我在意的是我的写作能否让读者认出或感受到一种心性或精神的力量。

知识分子跟普通读者是有区别的，普通读者可以只在意自己的知识占有和阅读趣味，可以只把知识材料当作谈资，知识分子却要使知识材料融进当代生活。他们是在做"招魂"的工作，知识材料在他们笔下因此成为活生生的文化和精神。遗憾的是，这类知识分子还是太少。

经典只是我们生活的背景，我们现代人每天都在创造新的生活样式，但这一创造不是无本之木、无源之水，这一创造必然跟中国经典的文明传统有着血肉的联系。也就是说，我们不仅仅要表达个性，还要回答我们跟传统之间的关系。有的人聊天时能够出口成章，思考时能够体现深厚的文化底蕴，这些都说明经典确实能够加持当代生活。

现代人的焦虑难以避免，这是现代人必须承受的人生苦难之一。现代社会的舆论、广告宣传，总把现代人的生活定义为脱离苦海的幸福生活，这是骗人的。每一代人都不容易，每一代人都需要认清自身的使命，不能被"生活在发达、幸福的社会"这类大词、大话迷惑。

焦虑、苦闷、烦恼并不可怕,重要的是如何对待它们,能否从中获得人生的智慧、信心。用佛家的话说就是,烦恼即菩提。

我读经、读史,有解决自身焦虑的动机。传统与现代、东方与西方,在当时的我以及很多人心中是冲突的。不过,通过读经回到中国的源头,这些焦虑和疑问逐渐被消解。通过安顿这些问题,我感觉自身也得到了安顿。

第二章

视野 信仰

01
知识人的思考与社会期待的距离

《非常道》出版的时候,大家还不知道中国是什么状况,而十多年后,大家都知道中国处在一个非常阶段,跟现代史一样,是"非常道"。

出版人严博非是一个理想主义者,他当年说《非常道》的出版意味着一个民间的价值评判系统的建立。他认为,最近十年,体制化的知识生产体系已经完成,这架"没有灵魂的机器"开始具有自主的内驱动力和完备的内部评价体系……《非常道》的出版却意外地构成范例,意味着重构知识体系的话语系统的形成。

而这以后的十多年,随着中国成为世界第二大经济体,知识分子整体的作用却越来越边缘化。回过头看,知识分子的努力和成绩非常不够,他们向社会提供的思考或者公共知识产品其实是非常可怜的。这是一个很奇怪的现象。

一　移动互联网时代,我们应该活成什么样子按说一个社会的政治、经济走到一定程度，特别是发展为像中国这么大的一个经济实体，应该能够支撑社会上的知识人去创作更好的作品，能够为这个社会，特别是这个社会的中产阶层或者说小康之家，提供更多的公共知识产品。但是，目前中国社会养活不了这么多知识人，而且中国知识人的转型也没有到这个程度，知识人的思考与社会期待之间的距离非常大，相当多的知识人仍然在使用学院派的话语。即使他们做了媒体知识人，他们说的话也仍然是类似读书笔记、学术散论一类的东西。他们没有整理出系统化的思想体系给大家看，这是一个很大的遗憾。

"知识分子边缘化"是一种正常的情况，只是在经济和技术越来越深入人心的时代，知识分子应该完成转型，应该有知识人承担媒体知识分子或畅销书作家的功能。如果知识人还愿意承担启蒙者或者传道者的角色，就应该对大众发言，而不是像我们这样，还在学院内部、在圈子内部说话，这种差别是非常大的。

在这个意义上，中国社会近年来对知识分子的疏离也是情有可原的：一方面，社会在妖魔化"公知"，在批评知识人；另一方面，知识人自身的工作不够扎实，多半限于某种姿态和口水仗，知识人内部也是山头林立，各自为阵。学术为天下公器，知识人担当天下道义，在我们这里只是一个梦想。

02
用中国的符号来表达人类情怀

《非常道》这本书当年那么火，是因为这本书里有太多个人主义或自由主义的元素。当年我说《非常道》捍卫历史正义，是我的"鲁迅版"，后来的《一个人的世界史》是我的"胡适版"。这么多年，鲁迅被知识分子忽视和抛弃，却又逆袭重来。鲁迅有巨大的生命力，且有巨大的阐释能力，能够阐释社会的本质。无论我们在这个社会感觉多么良好，在他的作品中都还可以找到相似的语境和状况，这是他很了不起的地方。所以，他对年轻人或对理想主义者，仍然有巨大的魅力。

《非常道》也是如此。为什么很多人还是愿意看？因为同样的历史碎片或边角料，用我们的眼睛来看时，感觉更能跟普通人的心相通。这是这本书今天仍然有价值的原因。

即便如此,从过去到现在,我的书还是不够大众化。我希望让更多的中国人了解近代史,让受过高中以上文化训练的人,都能看看这样的书。

我在2015年年初出版的《大时间》一书,是在解读人和时间、空间的关系,我认为它跟《非常道》的意义同样大。

我研究《易经》的时候,发现一个特别大的问题:中国的整个知识界受"新文化运动"的影响,对传统文化有一种疏离,有一种"想当然"的看法。比如,想当然地认为传统文化可能代表一种落后,或者更多地属于糟粕,却缺乏力量去阐释传统文化跟现代人的相通之处。这一点很麻烦。

一方面,中国几千年的传统文化在那儿放着,不管它是什么矿,是被大家用过的废弃的铜矿、铁矿,还是金矿、银矿,我们都需要用起来。很多人,包括我自己,还是受西方现代思维的影响,认为我们应该更多地关注西方,更多地把西方的物质、精神、制度的先进成果引进来。另一方面,我们也要解决我们的文化主体性和我们存在的身份认同等问题,即"我们是谁,我们从哪里来,我们到哪里去"。

回到自家的文化,不是说要保守什么,而是要更好地跟人对话。在今天的中国社会生活,我们应该以人类情怀为主,要有中国元素和符号，用中国的元素和中国的符号来表达人类情怀。这是最重要的，而不是像现在的很多人，说着西化的语言，批评时事比谁都激进，生活方式却是遗老遗少式的，甚至是专制的。

03
"应该"其实就是正义

从现在网络世界流行的假心灵鸡汤来看，很多人追求的恰恰都是末流。

传统中国人的生存智慧，讲究把命运放在最重要的位置，而且把对生存空间、生存环境的把握以及读书等，都放在了很重要的位置，而把结交贵人、养生放在最后。所谓"一命二运三风水，四积阴德五读书"，就是要认识命运、认识自己，跟古希腊人一样，认识你自己，而不是听任本能操控或势利地过一生；"六名七相八敬神，九交贵人十养生"，这些本能或势利行为是末流的，但现在很多人把如何结交贵人、如何钻营、如何

"厚黑"、如何养生放在了最重要的位置，不少鸡汤文讲的也都是这些。

我常常用《易经》来解释现代人的生存，并提出了一个"应该"的问题："应该"其实就是正义，人怎么活才算正义的？比如，我的"新正义论"的第一个原则是：一个成年人必须对自己的身体、相貌负责，否则就是不义。如果你得了富贵病，说明你对自己不负责任。这会越来越成为大家的常识。一个人的面相难看，不是和善的、愉快的、开放的，而是狭隘的、怨天尤人的、凶狠的，这是非常不应该、非常不义的事。有的人每到一个饭局，都要争个高低，要争出自己的权威，好像他最聪明、知识最渊博、最正确……这是人生正义在他身上缺失了。

我的"新正义论"的第二个原则是：一个公众人物或者一个成年人，对社会的贡献或是对社会资源的榨取是有阶段的，到了那个阶段，他必须"退场"。所以，很多人以给社会做贡献的名义说："我虽然70岁、80岁了，但我还要做贡献，我还能创造财富。"其实，他是还要占有机会，这就很糟糕。所以，目前这个社会，包括西方，在经济领域、文化领域、政治领域，很多大学校长、系主任、医院的院长等，任职时间都超过二三十年，这就非常不正义，完全把社会的资源个人化了。这个社会的机会被某些人垄断,而且他们还以良知、正义的名义在消费资源,同时蛊惑年轻人。

04
所有传统的文明都值得尊重

我们现代人不应该偷懒,拥有这么多的财富和技术成果,我们可以去享受,但不应该仅仅是享受,我们还应该去学习,不要漏掉人类文明取得的任何重大成果。在全球化时代生活,我要漏掉阿拉伯文化,我要漏掉基督教文化,我只认东方的儒家文化和佛教文化,这是不对的,这是作为一个现代人的失责。所以,一个现代人不应该漏掉任何一种人类文化,要保持开放的态度。

在你没有找到一种安身立命的信仰之前,一定要承认,所有传统的文明都值得尊重。在这个意义上讲,我们可以不成为形式上的宗教信仰者,但是,我们一定要有信仰的情怀。

现代社会,你不应该夸大你信什么,而应该处于一个相对的位置，让自己超越、解脱。这种超越之信仰非常简单，即我们每一个现代人都应该是一个很了不起的儒者，但你不必一定是一个儒教徒；每一个人都应该是一个佛教徒，但你不必一定是一个佛教徒；每一个人都应该是基督徒，但你不必一定要成为一个基督教徒。

还有，你也可以成为一个基督教徒，但你应该同时成为一个佛徒，也应该成为一个儒者；而不是说，因为你是一个基督教徒，你就不认其他信仰，认为它们都是歪门邪道。我觉得在这个意义上，大家才会有共识，有底线。

关于这个问题，用我的"大时间"的概念也非常好论证。

中国历史的演进，其实跟我们个体生命的演进差不多。比如，一个中国人小时候接触的文化以儒家文化为主；到了青年时代，他就开始知道有佛，有佛教的知识，有印度哲学；到了中年，他就知道有西方文化，有希伯来文化，有希腊文化；到了老年，他不一定看《古兰经》，但是他的思维方式一定跟阿拉伯文化有相通之处。这是一个个体的生命状态。

中国文化也是如此：春秋战国是少年时代；唐宋是青年时代，接受了印度文化；现在是中国文化的成年期，要跟西方结合，跟希腊和希伯来文化结合；等再过几百年，中国文化到了老年阶段，可能就要跟阿拉伯文化进行某种程度的交流和融合。我们应该有这种"大时间"的观念，有多维时空的观念。

05
多维地看待当下的自己

首先，人要知道自己存在的这个时空是一个四维时空，并把这个四维时空想清楚。很多人还以为自己活在三维空间里，没有把时间这个维度拉进来。其次，要搞清楚自己在当下的存在，跟具体的时间和空间的关联。

把这个搞清楚后，你要学会用五维的角度来看现在的自己，这是最重要的，这需要网络技术来跟进。但是，无论是外在的网络技术，还是基督教、儒释道、伊斯兰教等的内省方式，都没有一个方便法门让我们进入这样的终极体验。一个佛教徒会告诉你进入"三摩地"状态就可以进入一个多维或终极时空。他只是告诉你，你必须通过打坐和静坐的方式进入"三摩地"。但进入这个"三摩地"状态是要靠因缘的，这个因缘我们可能很难遇到。

精神意识的演进是从一维、二维到目前我们的四维、五维时空的。到了五维，你的生活可能会更有一种从容的感觉，甚至更有一种理性的选择。比如，你是选择跟 a 谈恋爱，还是跟 b 谈恋爱？在低维度上，似乎有一种必然性：a 有钱，风趣幽默、体贴人，应该跟他谈恋爱；b 没有钱，自顾不暇。但是，在五维的视野里，你跟 b 在一起可能会更有创造力，甚至在跟 b 一起度过几年的苦日子后，你可能就会收获与 a 在一起时拥有的那些东西，而且收获会更多。

那么，你通过五维或者多维的眼光回看当下的自己，你会告诉自己应该拒绝 a 的诱惑。当然，这个说得有点儿玄，但事实如此。为什么我们会嘲笑年轻人的恋爱？比如一个小伙子看上一个姑娘，觉得她是他的绝配，没有其他选项。但是过来人一看，说他们俩在一起肯定会出事，肯定是一个大悲剧，所以就对小伙子说："你不要把那个女孩看作唯一，看作绝对。"小伙子会很不高兴："你不懂我的爱情！"其实，这个小伙子正站在低维时空里，他不知道过来人站在一个高维和多维时空在看他们的关系。人一定要借助多维视野来看待当下的自己的存在，一定不要把自己的此时此刻绝对化。

中国的《易经》认为，"寂然不动感而遂通"。就是当你越来越安静、越来越静默的时候，全世界都属于你。就像你闭上眼睛，处于禅定状态时，你拥有全部的时间和空间；但是，当你睁开眼睛跟我们互动，你就会发现，你并未拥有全部的时间和空间，你是有限的，你是局部的。只有闭上眼睛，进入"三摩地"状态，你才能够超越此时此刻，才能够进入全部的时间和空间。这其实是网络技术和禅修要解决的问题。

这是一件很好玩的事情，因为每一次对全部时间和空间的拥有，都相当于我们多了一种维度来打量我们此刻的短暂性、有限性和局部性。这样的话，你才能解决生活中那些负面的东西，比如阴暗的、狭隘的、急躁的、争强好胜的心理。

06

移动互联网时代，我们会活成什么样子

我们这一代人可能真的要退出历史舞台了。这两年，我最大的感触是年轻一代人正在我们身边自在地生长。跟"90后"接触越来越多，我发现，我们这一代人还是孩童的心理，还没有为这个社会尽责任就已经被边缘化了，这是个很悲哀的事实。

有一次，我给一些朋友讲一百年来中国人所发生的代际更替，有一个学政治学的"90后"小伙子说："你讲的这几代人，无论是现在活着的'50后''60后'，还是'一二·九'一代人，你们的思考对我们没有构成影响，构不成智力的挑战。"

这当然是一个很悲哀的状况。但是，从另一个方面看，下一代人对上一代人也缺乏足够的同情，他们不理解上一代人究竟为什么没有在历史中起到应该起的作用。所以，历史还是在重复。"70后""80后"会更惨，不像我们这一代人，至少年轻的时候疯狂了一下。"70后""80后"连疯狂的机会都没有，就开始被"90后"挤出去了。

知识分子还是应该对社会尽责任，为人类的终极问题提供自己的解答。知识人应该担当这个"撕裂社会"的"交往沟通理性"；如果说知识人是战士，他的战斗应该是在言说领域进行有力的审判、命名和安慰。

还有一个问题：我们目前都已经无可抵挡地被转移到移动互联网上生活了，没有人能够逃脱这个东西的诱惑力和魔力；但是，在移动互联网上，我们会活成什么样子？我觉得这是知识分子应该回答的。

01

通过了解历史人物，安顿我们的当下

为人立传，与中国传统的历史书写一脉相承。好多年前，我就希望中国一直延续孔子和司马迁的学识和传统，能够通过对人的阐述、立传来回观当时的人生社会。但是百年以来，我们的史学传统却很少重视人，大家都被革命叙事、意识形态的叙事和一种大的历史观吸引了，对个体的感受，对个人的经验、悲欢离合，关注得太少了。

近些年，中国媒体的文史类专栏，有很大一部分是用来写人的，这说明普通的大众媒体都能感受到人的重要，或者说人是大众最感兴趣的。通过了解历史人物，往往能够安顿我们的当下，安顿我们自身，或者能够让我们当代人找到立身的坐标。

当然，了解历史人物不能脸谱化、抽象性

二 通过了解历史人物，找到立身的坐标

地谈。比如，谈胡适、鲁迅的角度很多，几乎被大家说尽了，但是关于物质生活对其精神状态的影响，说得不够。这好像回到了唯物史观，即人在社会上的表达、他的精神状态，是由他的社会地位和物质形态决定的。

而当下的知识分子在谈到历史人物的时候，往往欠缺把人还原到具体情境中的能力。中国古人讲知人论世，如果你对这个人的身体、生理特征，还有他的收入来源、生计压力都没有感悟，就空谈他的理念，那是很不够的。

比如，弘一法师能够毅然出家，而且出家之后的修行特别苦，可能是因为他的身体状况。从他的日记和来往书信中看得出来，他当时大病小病不断。人在病中，对世界的看法是不一样的，等病好了，他就会以更加严格的作息规律来要求自己。而很多人只抽象地谈弘一法师是个了不起的高僧，自律性很强，并不了解他的自律很可能来源于那样的身体状况。

02
你可以勇敢地运用你的理性

像鲁迅一样，我也有过自己的愤青时代，那种以批判为己任，甚至以批判为唯一表达方式的时代。但是，人到中年，继续剑拔弩张，对周围世界进行一种不可调和的批评，并不是这个年龄的常态，我们最终还是要平实地介绍和理解这个世界。在更为客观的表述当中，我们跟这个世界的互动关系才能显示出来，我们对这个世界的好恶也能显示出来。

有人说我是"从鲁迅转到了胡适"，但是我并没有变成符号意义上的胡适。比如说胡适是在体制内言说，他在那个社会是成功的大文人，而我还处在这个社会的边缘，在体制外做自己的言说。

我们这几代人应该在观念上、在人生的认知或者认同上，超越鲁迅和胡适，而很多人还是匍匐在胡适和鲁迅的体系下面。虽然我也受惠于胡适和鲁迅，但是这些年的读书思考和阅历，让我觉得应该对他们有所超越。

他们对中西文化的认知，他们对中国文化的前途的判断，都落后了。比如，他们总是把中、西放在"体"和"用"的两极里选择，要么是中国的很多保守主义者所说的"中体西用"，要么是"新文化运动"的旗手们所说的充分西方化，也就是"西体中用"。他们对中西文化的这种认知显得不够真实，不能接近中西文化的本质。

还有一点，他们对启蒙的看法，他们在人立身处世的经验表达方面，在今天看来也落后了。或者说，"新文化运动"以来的中国知识精英，总认为我们是落后的，所以我们应该做学生，我们必须去学西方。这就让国民和知识分子永远处于一种受指导的状态，他们理解不了现代人格的本质：你是一个成年人、一个成年公民，你有自己的头脑、理性。就像康德说的，你可以勇敢地运用你的理性。

03
我们现在需要公民式阅读、常识阅读

我认为，百年来，中国社会欠缺一种文化产品，或者说欠

缺一种特殊写作,就是社会通识文本的写作,即缺乏中产阶级和小康家庭的读物。我们的读物都是学院派的,都是像鲁迅、胡适这样的知识精英写的。所以我们很容易认为应该去学习他们,我们应该处于一种受指导的位置。这样的话,我们将永远是孩子,永远是学生。

这会导致一种什么状况呢?最近三十年不难看到,知识分子几乎都在做这样的工作,即认为世界上有一个大师,我们要把这个大师引进过来,今年引进萨特,明年引进弗洛伊德,后年引进福柯,直到最近几年还是这样。就像刘瑜写了一篇文章,说:"今天您施密特了吗?"于是,施密特又成了大家热衷的大师。从精英、知识分子到普通人,都认为施密特了不起。

对启蒙来说,这是一种特别大的误读。

有一个说法,儒家是治世的,道家是治身的,佛教是治心的;还有一个说法,儒家是"开饭店"的,道家是"开药店"的,佛家是"开百货店"的。从启蒙来讲,我觉得对中国人来说,更重要的是到饭店里吃饭——吃饭是我们的日常,但我们不会常常去药店买药,或者去百货店猎奇。也就是说,中国从胡适、鲁迅到现在,知识分子的启蒙都处在"开药店""开百货店"的阶段,没有给大家"开饭店"。

大家都以追求深刻、追求前沿为时尚，不愿也不能平实地跟普通人对话和交流，这就导致普通人无书可读。普通人要读书，也是读专家学者的著作，读各种读书会推荐的书目，看起来都很"高大上"，比如一窝蜂地读《沉思录》，读托克维尔，等等。这些都是吃药式阅读、补课式阅读，不是公民式阅读，不是常识阅读。

这么多年，中国大众媒体评选出来的所谓好书，比如每年的"十大好书"，其实大都是精英的读物。中国知识分子说，这才是经典好书，推荐给大众阅读，骨子里其实还是把大众放在一种受指导的位置。

问题是，对大众社会来讲，这些书往往显得高深、晦涩，所以它们跟大众之间的关系是疏离的。知识分子以为让大众读了这些书，就能完成启蒙，但是大众可能不会读这些书，因为这些书跟他们不搭界。

我认为在现代中国，"左"和"右"都有点儿走极端，都容易亢奋，就是因为吃"药"吃多了，而没有好好吃"饭"，没有把自己的安身立命放在一个健康的历史阶段。于是，各种三观都来自大学教授或者知识分子写的书，很多书读起来都费劲。大部分知识分子还自认为是精英，没有把自己当作这个社会的一员，没有想到去"开饭店"，源源不断地给这个社会提供日常的"饮食"。

所以，中国缺乏真正的通识作家，缺乏一种建立在自己的经验之上的写作。只有这样的写作才是立得住的，因为立得住，所以有受众，而且受众确实能从这类书里真正受益。

04

要承认别人的文化也是美好的

近代以来，第一次启蒙运动发生在"新文化运动"时期，第二次启蒙发生在 20 世纪 80 年代。

第一次启蒙运动没有对中西文化进行深入的研究，就匆匆忙忙得出判断：要么"中体西用"，要么"全盘西化"。这是很令人遗憾的。

第二次启蒙的成就很大，但是还没有成为中国社会主体的认知。我把第二次启蒙的代表，或者说象征人物，锁定在了钱锺书、费孝通这些人身上。我认为他们的观念和眼光，是对

"新文化运动"的超越。

比如钱锺书说东西方的经典他都读过，读过之后他的认知是什么呢？并不是主张抛弃中国文化，不是鲁迅说的少读中国书，而是"东海西海，心理攸同；南学北学，道术未裂"这十六个字。地球上的文化，东南西北各方的人类文化，在终极关怀上其实都是差不多的，我们没有必要舍弃东方去拥抱西方，或者回到东方而拒绝西方。

费孝通当年也说过十六个字，就是"各美其美、美人之美、美美与共、天下大同"。我们常常会有自我中心主义的思想，认为自己的文化才是美好的，但是，在现代世界，我们要承认别人的文化也是美好的。

中国百年来的哲学思考，大家有点儿熟悉的，像孙中山对知行关系的理解，像一分为二的说辞，这些哲学思辨都还不够，没有上升到康德那种哲学思辨，也没有回应20世纪现象学的流行。现象学就是把世界上的一切都作为现象来研究，最终不是悬隔其本质，而是要追究其本质。但现在我们都只是在现象里面打转、争论，没有去研究、思辨其背后的本质，这是中国哲学没有向前走的一个重要原因。

冯友兰先生激活了宋代理学家的思辨成果，他意识到人活在这个世界上，或者说这个世界之所以能够存在，能够发展，不是靠仇恨。所以他认为斗争哲学是行不通的，只能是一时的现象；真正能够让这个世界永恒发展下去的，是"仇必和而解"，这是宋代理学家的观念。

冯友兰先生的观念和钱锺书先生的观念一样。很遗憾，知识界的大多数人都没有意识到他们的重要性，没有在他们思索的基础上继续往前推，把他们的思考夯实在哲学层面。

05

"类人孩"现象

当今世界出现了重回传统的趋势，出现了回溯的趋势。无论是中国传统文化，还是西方的本原文化，都需要现代人去了解，从不同的角度去观察、会通。但由于我们缺乏某种本原哲学，缺乏一种类似于既是世界观也是方法论的东西，我们对传统文化的阐述和理解还是会被当下绑架。比如说，一些遗老遗少认为，我们应该拒绝西方，我们应该回到中国，那么他们就会把中国的传统文化加以神化,似乎每一个字都堪称微言大义,而且他们还都能够替古人阐释出很多东西来。事实上,这种阐释的经典可能已经被当下的他们绑架了。他们有没有诚实地追问一下自己,是否已经实现了他们自身的安顿?是否找到了某种安身立命之道?

比如说,一个中国人在日常生活当中对西方的现代理性和现代科技成果已经完全习以为常,他用手机,用电脑,甚至跟人交往的方式都是西式的,那么他就不应该在自己的文本阐述里把中西当作对立的、必须进行选择的东西。包括有些青年知识分子,假如说他们内心仍然有"天地国亲师"的观念,那么他们在信仰上选择信奉基督教也是有问题的。他们还是将中西对立,认为中国落后,应该选择西方,而基督教是为西方。

这样的人没有从安身立命之事中追问他的原哲学的形态,以用来指导他的言行。因此,在这个意义上,中国人还是容易把自己当学生、当孩子,或者说当病人,认为我们要去吃"药"。他没有想过自己已经是一个健康的成年人,不需要去吃古人的"药",也不需要去吃西方人的"药"。古人的东西和西方人的东西,顶多可以当作饭来吃。

现在，很多人若突然陷入空前的危机，比如说得了抑郁症，那么他就会去念《金刚经》，觉得会有好处。这个时候经典就变成了"药"，而不是"饭"了。实际上，古今中外的经典，特别是那些遥远的经典，包括那些宗教信仰，应该化作当下日用的"饮食"，而不是包医百病的"药物"。

在现代社会看来，前现代的个体成员基本上都是"类人孩"，因为他们还没有现代意识。所谓的现代意识，就是一种独立的、自由的精神。所以，在我们这个社会，别说二三十岁的年轻人，就是那些五六十岁的成功人士，他们所谓的成功秘诀其实也是"装孙子"。这也是一种"类人孩"的状态。他们永远不会在公开的场合表达自己作为一个人应有的正常判断、正常认知。

06

真正善于安顿自身的人，无论在哪里都能安顿好自己

很多人说，这几年中国的中产阶层更加式微、更加衰落，

而且更加没有安全感。如果他们足够有底气的话，现在也不至于对自己的文化没有信心。

比如说，很多中国人仍然把学英语当作一种工具。学英语确实很重要，但不应该太功利地去学。从知识分子到政府高官，到企业老板，他们认为自己的奋斗目标、家庭的奋斗目标，以及孩子的奋斗目标，都是出国。他们没有把中国当作一个归宿，当作一个安身立命之所。这就说明他们对中国历史和中国文明的认知是有缺失的，是不够健全的，好像中国文明不能安顿自身。

但真正善于安顿自身的人，无论在哪里都能安顿好自己。所以陈寅恪先生这批人不出国，不流亡，在那样的年代，他们还是能成全自己，成就自己。他们对自己也好，对中国也好，依然抱有某种信心。

反观当下，中国这么多知识分子都以出国进行学术交流为荣，以出国旅游为荣，以移民外国为荣，这说明他们的知识活动跟他们的安身立命是分裂的。这种分裂确实也是当下社会一个很大的特征，即没有强大外力的压迫，很多人特别容易任性，任性到自己说一套做一套，而且对自己的人格分裂不以为意。这一点是很糟糕的。

真正善于安顿自身的人无论在哪里都能安顿好自己

有些文化传统的压力是来自内在的。比如说，从小到大，人人都知道撒谎不对，所以人一旦撒谎，心理就会受到很大的冲击。他会惴惴不安，他会觉得整个世界都在小看他，这是一种内在的压力。

有些人欠缺这样一种内在的力量，所以他的人格分裂在当代表现得非常非常强烈。或许只能靠强大的外力来逼迫自己做个言行一致的人，做个表里如一的人。

这种外力，一方面来自外来势力、外来文化，一方面来自熟人社会，比如现在所处的圈子。像过去的宗法传统，就会给人这种压力，即假如你不忠不孝，你在这个村子是待不下去的。但现在的社会是陌生人社会，有的人坑蒙拐骗，做伪劣产品，不仅能挣到钱，大家还不会在意其财富来源，并且因为他们"成功"了，大家还会羡慕他们。这也是一种人格分裂，社会由着他们这么横冲直撞，就说明社会也是撕裂的。

07
中国仍然需要鲁迅

对知识分子的定义或者判断,众说纷纭。有一种说法,对东方能否出现知识分子这个阶层都持怀疑态度,都不太看好。一般来说,知识分子更多是对教师、医生、律师等行业精英的称谓。这些人在担负社会的功能,而不是什么都不做,整天在那里清谈。东方一些国家,在统治者和大众之间的确没有中间环节,从工人、农民和商人当中涌现不出批评现实的人物,所以需要有一批人担负起这样的功能。

最重要的是,知识分子还应该把自己当作民众的一部分,而不是超越民众,刻意强调自己的精英意识。法国的社会学家把知识分子看作地位较低的统治阶级的合伙人,这导致了知识分子的骄傲和虚荣。他们真的以为自己是统治者的合伙人,虽然地位低了一点儿。他们从未想过自己应该像普通大众那样去生活,去思考,去完成人生的安身立命。

我说过知识人需要超越鲁迅,但并不是说当下我们就不需要鲁迅了。事实上,在最近十年的网络世界,人们模仿前人风格的文章中，模仿鲁迅风格的是最多的。这就说明对当代社会进行归纳，进行命名，进行判断，最深刻的还是鲁迅这样的知识分子。只不过因为不再有这样的知识分子，所以网友只好借用他的文章来回应当下。这是一个悖论。虽然知识分子一再想驱逐鲁迅，但鲁迅还是能够"逆袭"。

今天的知识分子非常欠缺鲁迅的真诚和敏锐。首先是真诚，你只有真诚，才能够如实地对社会进行描述。

三 在『家世』里安身立命

01

亲情和血缘,最后的防线

我有一个朋友叫康正果,是一位学者、作家。他说过一句非常严重的话,他说家庭血缘几乎是维系中国人的良善的最后一道链条。

他的大概意思是,我们在革命年代不断地追求成功,追求世俗意义上的新生活时,丢掉了很多美德,丢掉了人生正义和社会正义。比如杀熟,连熟人都被我们用来消费、盘剥时,家人之间的亲情和血缘,几乎是我们的最后一道防线。

这种血缘、亲情、家族和家人之间的关系,也就是宗亲观念,其实也是文明理性的一部分。处理好的话,我们能更有信心地面对这个世界,不至于要么过于封闭而窒息,要么完全往而不返。

从积极的角度来说,文明有很多单位,比

如最小的就是个人，最大的就是目前的全球化，中间有血缘、地缘，乃至国家、民族。

中华文明对宗亲伦理的强调，其实还是中国人信奉的中庸之道，不愿意在个人主义或是私人主义、世界主义之间摇摆得太厉害，而是要立足于某个很坚实的基点。

有一个很简单的古代观念，叫作"君子之泽，三世而斩"，还有"积善之家，必有余庆"，这些都是古人观察宗亲伦理得出来的结论。

中国还有一个五行术语，叫作"金克木"。孩子要成为参天大树，所以属性是"木"，木是要生发的；"金"一般指爷爷奶奶这一代人，也指父母的钱财。如果爷爷奶奶太溺爱子孙，或者父母给儿女的钱财过多，就叫"金克木"。被克制的树木难以长成参天大树，甚至可能夭折。我们这么理解，就知道为什么有些富二代和官二代不太成器，他们的言行举止常常成为一个社会的笑料。

02
宗亲文化至今仍根深蒂固地影响着人们

尽管当代的家庭已经从传统的"四世同堂"演变成二世或一世家庭,单亲家庭也日益增多,但"家世"话题仍一以贯之。家世甚至从宗族家庭问题演变成空前的社会问题和政治问题。"成分论"早已成为历史,但今天我们又不自觉地把"出身论""身份论"招回来了。这也说明,有着数千年传统的宗亲文化至今仍根深蒂固地影响着人们。人们曾经认识到它有正面作用,也有禁锢作用。今天,它同样维系了人间的良善,也放任了人心的丑恶。

如果从物质享受来看,个人奋斗也许赶不上富二代的步伐,但从人生成就和自我意识上来说,个人奋斗并不会输于富二代。普通人如果能够放弃观望、抱怨、嫉妒,能够争取阳光和雨水,会真正成为创业的一代,其人生的厚重当然非富二代可比。比如卢作孚,同时代没有哪个富二代比得上他。卢作孚遭遇的环境比今天更恶劣,但他短暂的一生所展现的生命的密度、厚度和高度,是今天的成功人士无法相提并论的。

当然，从时代、社会的角度看，个人奋斗似乎比不上富二代的步伐，但技术文明的推动将使这一历史真正成为人类的"史前史"。就像网络观察者曾总结，技术的推陈出新使奋斗的门槛大为降低，使我们有冤的能够申冤，有头的能够出头。这就是说，如果我们此生不能出头，那就只能说明我们没有头脑。

当代文明给了每个人空前多的机会，遗憾的是，大部分人却没能抓住机会。他们没有善用技术带来的方便和机会，反而放任了自己，人生也被耽误。跟有心人相比，跟自强不息者相比，他们被拉开了永难追赶的距离。这既是个人的悲剧，也是文明的悲剧。

03

回家，去爱你的家人

大部分中国家庭都有民族国家意识，这源于我们传统的家国天下观念——不是立足于小我，而是尽可能唤起家族成员对时代、社会、国家命运的思考。这种传统的正心诚意、修身齐家治国平天下的思想，对中国人的影响也是根深蒂固的。

虽然我们中国人都向往现代化生活，但也感觉到了现代化的种种危机。至于如何应对现代化的危机，大家都还在实践。技术的革新这么快，从网络上的各种活动到微博、微信，人们的交往圈子、生活模式都发生了巨大的变化。对于如何安顿好个人、服务于社会，人们其实还没有找到一种很好的方式。在这个过程中，家庭生活能够充当一种积极、健康的力量。

中国传统希望家庭在社会中担当一定的角色和功能，比如养老的功能、生育的功能。在西方发达国家，养老问题基本上已社会化了。孩子一生下来，从摇篮到坟墓，国家、社会都帮你管理了，年轻夫妇几乎不需要考虑"上有老下有小"的问题。我们中国还是不太一样，当下的家庭还在承担部分功能，未来它能不能继续承担，甚至跟国家、社会一起把这些功能完善化，需要我们思考并且去实践。

曾有人建议立法惩戒不回家看望老人者，说明家庭关系的恶化已导致这些问题社会化，变成了社会的一个包袱；而社会目前又没有足够的准备来接纳这些问题，解决这些包袱。

我常常引用特蕾莎修女在领诺贝尔奖时说过的话："你能为促进世界和平做些什么呢？回家，去爱你的家人。"

04
以自己或家人为起点，往而有返

有人觉得"家世"话题和普通老百姓的关系有点儿远，认为普通老百姓就是这样一辈一辈地过日子，大家族才有传承。其实不然，实际上"家世"话题需要的是每一个家庭甚至每一个人的反思，不只是反思我们的父辈有什么能传承给我们，也包括反思我们自己有什么值得整理的。

我曾经带过七八个年轻学生，给他们讲的一个课题就是做自我整理。因为现在很多人活在这个社会上，内心总有些胆怯和不安。这不是读几本经典或者去听几场成功人士的演讲就能消解的。最好的办法之一，就是回归自我，做自我整理。

比如，你第一次产生自卑意识是因为什么？你是几岁的时候开始感受到恐惧的？你是在十几岁的时候情窦初开的？父母什么时候让你觉得他们已经老了,你该对他们尽孝了?针对这些问题很好地做一次自我整理,你就会知道自己活得很踏实,能够感觉到自己从家庭继承的品格,而这也可能成为你人生走下去的一个动力。

尽管时代、社会等大环境很重要,甚至对家族和个人有支配性的作用,但通过名门或普通家族的案例可知,凡是取得人生成就、能够有效服务社会的家族和个人,都有一些相似的特征,如善良,如读书,如有所敬畏,如自强不息,如开放。在这个"成功学"盛行的年代,我们或许能通过对这些家族的了解,对自己家族的了解,获得真正安身立命的东西。

以我自己为例,父母对我的影响,是希望我做一个正直、优秀的人。他们还培养了我的超越意识,所以到现在为止,我还能够在社会上不甘于平庸,不甘于做一个求田问舍的人。

人生最积极的一面,正是积极向上的努力。佛法和西方文化都认可这一品格,并以各自的语境做了说明。佛法说的是"已作不失,未作不得";西方人则强调"凡自强不息者,终能得救"。

活在这个世界上,我们都将以自己或家人为起点,游走于世界,往而有返。

以自己或家人为起点往而有返

01　我们该回到怎样的生活？

疫情初期，我的一个判断就是我们进入了一个严冬，但我没有想到时间会这么长，居然长达三年之久。不过，疫情终究会过去几乎是大家的一个共识。疫情过去之后，大家可能会有很多想法、很多计划，要投入各种工作和生活，那么我们是不是就能够回到疫情之前的生活？

后来我想到一件事，就是疫情之前，很多人已经在叫苦连天，社会上已经出现希望慢下来的论调。但是疫情三年间，我们发现社会的发展不仅仅是慢了下来，甚至一度停在这儿了，然后我们又在抱怨怎么能停下来呢。作为"吃瓜"群众，在社会飞速发展的时候，我们只能"吃瓜"；在社会发展停滞的时候，难道我们也只能"吃瓜"吗？也就是说，在疫情这三年，我们有没有朋友，在隔离状态，在静默状态，认认真真做好了一些事情，能让自己满意，或让亲朋好友满意，甚至让周围的人满意，而不是像很多人表现或发泄的那样，有着太多烦躁和抑郁情绪。疫情这几年，心理学家都认为有很高比例的人心理状态出现了问题。这就意味着，我们既过不了飞奔的、快速发展的生活，也过不了这种慢下来、停下来的生活。我想把这个现象抛出来，供大家思考。

02

我们大部分时候一定是理性的

在我的《一个人的世界史》里，有一篇序言被大家忽略了。那本书有三篇序言，其中一篇的作者是意大利著名汉学家弗朗西斯科·郗士，他担任过意大利驻华大使馆的文化参赞。那篇序里的一些话，特别能印证我们现在的生活。从外国人的视角看来，他认为当代中国人的这种状态是一种"中间状态"："他们已经不复以往父辈、祖辈们的模样，但也没有转变成金发碧眼的纯粹外国人。"

在外国人看来,"这种非中非外的中间状态极为难得,令人艳羡"。

他进一步写道:"从外人的视角来看,余先生及他的中国同仁理应为此欣慰,但事实上他们并无喜悦之情。他们认为自己是在地狱的边缘游走,甚至是深陷炼狱之中。从无别人像他们那样,挣扎在两个世界和两种文化之间,就像聊斋里的书生,奔走于人鬼天地之间。做人好,还是做鬼神更好?在两个世界之间不断地适应,不断地变换角色,不断地受折磨……然而,在两个世界左右夹击之下又更懂得,更知晓,更丰富,生命与灵魂如花朵般徐徐绽放,或许,这并非炼狱,而是美好天堂……"

这是一个外国人多年前给我这本书写序言的时候,对中国人的一种观察,我觉得非常精彩。他还说了一段话,特别抒情,特别有文学性,但是也特别精准。他说:"这也许就是人类灵魂最深沉的悲剧——对自身命运永远怀有愤懑与哀思。从来没有任何国家的文学像现代汉语这样,灵魂与肉身持续撕裂。汉语世界的人们借由西方文献,找到灵感、乐趣与惊奇,从而将其视为中国文学的一部分。"

当然,我觉得最后这句话有点儿高估我们了。西方世界,包括西方的知识、西方的人物，是否能成为我们中国文学、汉语文学的一部分？实际上，在疫情期间，在贸易战期间，有些中国人表现出的"谈洋色变"，让我们的神经有点儿敏感。经历过这些苦难，包括让人担忧的飞奔、让人发疯的静默，我们应该用一种更大的胸怀、更大的格局和眼光来看待世界。

人和人的相处也好，国家和国家的相处也好，大部分时候一定是理性的，只有很少的时候会被情绪、本能和情感控制，这些是非理性的。非理性的东西只是一时的，长远不了。而从理性的角度看，善的东西一定是长久的，东西方文化都可以证明。

如果从历史的角度看，我们跟西方世界的关系，可能比较像五代十国和唐朝中期时中国文化跟印度文化交流阶段的关系。

中国文化跟印度文化、佛教文化的关系经历过三个阶段。第一个阶段是相互承认，相互发现对方好的一面。第二个阶段是相互有点儿误会，有点儿轻视，有点儿敌意的阶段。到了宋朝，进入第三个阶段，双方才实现你中有我、我中有你的融合，中国文化才真正接纳印度的佛教，并且用一种异质的文明改造了儒家文化，改造了道家文化，这是很了不起的。所以宋代的人文思想达到了一个很高的高峰。

当下中国和世界的关系，相当于到了跟印度文化、佛教文化的关系那种的第二个阶段，还没有走到第三个阶段，可能仅仅到了唐朝中期而已。这其实也是一个坐标和参照。而且，我们可能已经到了第二阶段的后期，很快也会冬去春来，迎来第三个阶段，就是我们真正把别人的文化纳入我们的内心，纳入我们的内在，从而生成我们自身的文化。

03
寻找自己的坐标感

在这样一个剧变的当下，我们如何认识世界和寻找自我？我没有明确的答案，但坐标感是很重要的，比如像我自己写文章、想问题，还是能从《一个人的世界史》这本书里面汲取灵感。

这本书里有一个关于爱因斯坦的段子：

曾在1927年给爱因斯坦画像的巴伐利亚画家约瑟夫·萨尔，于1938年逃出纳粹监狱来到普林斯顿。他在这里问一位老人:"对爱因斯坦科学著作内容毫无所知的人,为什么如此仰慕爱因斯坦呢?"老人回答说:"当我想到爱因斯坦教授的时候,我有这样一种感觉,仿佛我已经不是孤孤单单一个人了。"

这个细节让我印象特别深刻。一个对爱因斯坦毫无了解的老人,只是知道有这么一个人存在,就觉得生活很温暖。我们其实也应该这样,有时候我们可能会比较绝望,或者容易生出很轻浮的希望,这时候我们一定要想到身边还有很多尺度,还有那些坐标在。这种坐标感,是我们最应该具备的。很多人,包括一些大学生,在做人生选择的时候,总觉得自己一无所有、一无凭借,但实际上就像我写书可以给大家提供一个参照一样,我们永远不会是孤孤单单的一个人。我们应该更好地认识这个世界,让自己过得更好,而不是哀叹一穷二白、一无所有,觉得没什么出路。其实不是这样的。

还有一点,我前不久跟朋友聊天,聊到从中国传统文化的角度看,立冬之后就是要"退藏""猫冬",要注意保暖,注意保护自己。那怎么度过漫漫长夜、漫漫寒冬?"猫冬"的方式有哪些?其实,最好的方式之一,就是围着火炉跟一帮朋友聊聊天、读读书,用阅读、分享的方式来度过寒冬。

当然,并不是说一定要实现一个很了不起的目标,只是通过书籍以书会友，跟大家分享一下生活感受、生活经历，让当下的时间过得更有意义。

04
我们不需要妄自菲薄

周有光先生提到的"要从世界看中国"，是我经常引用的一个观点，也是很多人一致的看法。我们生活在一个"信息茧房"里，而我们看到的信息，可能强化了自身的一种认知。我们能不能跳出来？就像疫情这三年的生活，对我其实也是一个非常大的刺激。比如说，在当下，我还是一个知识分子吗？知识分子在当下还有意义吗？或者，我们仅仅就是一个普普通通的人而已？我读书、写书、卖书，就跟公务员一样？或跟公司职员一样？我对自己也产生了怀疑。

但是，如果从大历史的角度来看，我们当下的生活还是有意义的。就像弗朗西斯科·郗士说的，他确实很羡慕我们当下这种状态。在两个世界碰撞的状况下，他从一个外人的角度，认为中国人在当下得到的和经历的，应该让我们每个人都有更大的创造性。

我在《一个人的世界史》里面写到的那些人都是大神级的人物，但我常常提醒读者，读这本书其实不需要妄自菲薄，因为他们在很多方面跟我们是相通的。大家都知道埃隆·马斯克，都知道比尔·盖茨，你把他们放到这本书里，他们是不显眼的，但他们在我们中间反而非常突出、非常显眼。其实，在马斯克这些人面前，我们也不需要妄自菲薄。按照郗士先生的话，我们遇到的问题意识，我们的困境也好，我们的机会也好，应该比马斯克他们要大得多、多得多，只不过我们还没有做出跟他们一样的成就来。

我当年刚进北大的时候，北大的同学对诺贝尔奖——一个当时的参照标准——有很高的期待，就觉得对我们这一代天之骄子来说，诺贝尔奖应该不在话下。但直到今天，那还是一个很高的标准。也可以说时过境迁，我们做得还不够，我们是不是应该反思一下，反省一下。

为什么要从这些人身上汲取力量？因为人家确实做出成绩来了，而且人家确实对自己、对时代，都有很好的交代。

05
视野和心胸决定我们的选择

我曾在一个活动中问一些年轻朋友:"假如我们在某种环境下突然挂掉了,怎么办?"我想表达的是,认真地思考死亡,才能更好地生活。我原以为应该没有多少年轻人想过这个问题,没想到那些年轻人无论在线上还是线下都在响应,他们都想过自己应该怎么面对死亡、向死而生。这是一个很有意思的现象,说明我们身边的很多朋友其实是面对过这种死亡情境的。

既然我们多了这样一种参照,就不应该局限在当下的世界,局限在能不能去哪儿、能不能跟朋友吃个饭,或者哪儿哪儿又关闭了、哪儿哪儿去不了了。这样的生活固然是一个参照系,但同时我们内在还应该有别的参照系。

也就是说,我们的生活应该有两个或两个以上的参照,就好比我们不仅要站在中国的角度看这个世界,同时也要站在外国人的角度、世界的角度来看中国。就像我们如果站在南半球看北半球的人,可能是倒着来的。那样的话,我们的自我中心主义,那种牢不可破的以汉语为中心的观念,可能都要放下,因为我们要生存下去，要跟别人相处，我们就必须取中间值。

一百五十多年来，从清朝到民国，然后到1949年以来的社会，我们中国人看世界的眼光也在跟着时代变化。我经常看到朋友圈里大家在吵架或争论的时候，通常持这样的态度：我站在当下的一个角度，有可能说的是错的，但是也希望你们能够理解，或者给我一个校正的说法。如果我们好好读书，你会不自觉地把古今中外、东南西北放在一起；书读得多了，就会发现它们之间其实是相通的。

我记得以前写过一篇关于《几何原本》的文章，我在搜集资料的时候，发现中国人翻译《几何原本》也经历了一个反复的过程。当年徐光启和利玛窦开始翻译《几何原本》的时候，明朝还比较开明，但在还剩几章没有翻译完的时候，他们突然面临一个很大的危机。朝野众人的心态马上变得封闭起来，甚至还有人劝他们别再翻译了，再翻译下去就会有麻烦。所以，那次翻译就不了了之了。过了一百多年，到了曾国藩那个时代。曾国藩有一个幕僚叫李善兰，是个数学家。这个人特别喜欢《几何原本》，于是便把它翻译完，由曾国藩资助出版。曾国藩还让自己的儿子曾纪泽代他写了一篇序言。那个时候，他们仍然心有余悸，怕遇到麻烦。也就是说，像曾国藩这样一个算是

视野和心胸决定我们的选择

很开明的人,还是"洋务运动"的倡导者,他周围的人对于接纳外部世界的尺度,也还是非常小心谨慎的。

所以,我们读历史往往会读到惊人的相似性。从这种相似性中,我们就能发现,如果站在世界的角度或站在历史长河的角度来看中国,看我们生活的希望也好,绝望也好,荒谬也好,机会也好,它们其实都已发生过无数次了,就看我们每个人自己怎么选择。

回到如何从世界看中国的话题,从方法论上讲,就是两个角度:一个是时间角度,一个是空间角度。空间角度,就是不仅仅站在中国的地盘上看中国;时间角度,就是不仅仅从当下看中国,还要从历史当中看中国,包括通过我们的经典来寻求答案。

06

坐下来,从容一点儿,更优雅地表达我们的感受

说到"话语"这个话题,有中国和西方两种角度。从中国

的角度说，就是老子讲的"道可道，非常道"。无论是老子也好，孔子也好，包括孟子、墨子、荀子这些人，他们都把"道"当作一个重要的题目。"话语"本身其实就是"道"。从西方的角度说，就是"太初有道"，"道"与"话语"同在，"道"就是"话语"。这其实跟中国文化说的意思差不多。

重视"话语"，其实就是要重视"道"，重视我们能不能让自己生活在一个大道上。我们经常讲人生的大道，而不说小道、旁门左道。如果你不在道上，用古人的话说，你可能就是不道之人，或者不轨之人、图谋不轨的人，你的立身行事就不在轨道上。所以说轨道跟我们的话语也是密切相关的，这是我们进行思考的一个线索。

鲁迅说过一句话，是对我们中国人的灵魂拷问："当我沉默着的时候，我觉得充实；我将开口，同时感到空虚。"中国人讲究沉默是金，沉默的时候觉得充实，一开口心里就发虚。这说明我们平时对语言、对人生的大道还是不够关注，所以才会失语。

从《非常道》到《一个人的世界史》，再到《人间世》，我的书大部分是从注重话语的角度来写的；包括《自省之书》，它写的是先秦的那些圣贤，也是他们对"道"、"话语"的关注。在我们的生活中,在我们的生命中,话语占据着非常非常重要的位置。

从《非常道》《一个人的世界史》以及《自省之书》当中,我们还是能够找到一些参照、一些启示的,无论是告别这个世界,或者说面对这个世界的时候我们有没有更好的话语回应、呼应这个世界,或者说服务于这个世界。

《时间之书》中写道:"年轻人,你的职责是平整土地,而非焦虑时光,你做三四月的事,到八九月自有答案。"很多人当时觉得这句话非常励志,但这两年,在社会环境面前,在人们无能为力的时候,又有一些人提出怀疑,认为它没有意义,只不过是给大家灌了一口心灵鸡汤。

话语关乎我们立身处世、安身立命的大道。我们能不能让自己活在大道上,活在一种好的话语当中,是很重要的。所以我曾经劝告过一些朋友,可以表达我们的喜怒哀乐,但是不能永远这么本能地生活,永远活在情绪化当中。我们还可以坐下来,可以从容一点儿,可以更优雅地表达我们的感受,这样的话语可能更有力量,甚至能流传得更为久远。就像孔夫子说的,"言之无文,行之不远"。

《一个人的世界史》出版的时候,我引用了梁漱溟和陈寅恪的两句话。陈寅恪的那句话说他"平生未尝曲学阿世"，就是没有为了逢迎这个时代而做事情，他做的是他自己。梁漱溟说："我愿终身为华夏民族社会尽力，并愿使自己成为社会所永久信赖的一个人。"梁漱溟的大愿也很了不起，我当时看了特别感动。我们现在的知识分子，还没有达到梁漱溟那个境界：通过自己的努力，通过自己的作品和人格，来获得这个社会、这个文明世界永久的信任。但是，我们虽不能至，心向往之。

07
把自己的生活过得有规矩一点儿、有尊严一点儿

意大利"国宝"级歌唱家安德烈·波切利曾是一个弱视儿童。12岁那年，一次踢足球时发生的意外，导致他双眼全盲。但他没有自暴自弃，坚持学习唱歌。他的父亲鼓励他说："小家伙，别气馁！这个世界属于每一个人。虽然你看不见你眼前的世界，但是你至少可以做一件事，那就是，让这个世界看见你！"

波切利的父亲说得特别好，而且波切利也做到了，真的让

这个世界看见了他。一个12岁的少年发生那么大的意外，很多人可能会觉得小孩儿这辈子就毁了，就这样了，能活着就行了。波切利却没有放弃。

有人说，我们个人的力量太渺小、太微不足道，如何立足于这个时代，并且有所突破？其实波切利就是一个很好的例子。从我的角度来讲，这并不是一个好的问题，可能是一个伪问题。一方面，因为这个设问已经承认个人太渺小，我们无能为力；另一方面，人又蠢蠢欲动，想要做点儿什么。从一个普通人的角度看，我们可能确实无能为力，但这并不代表我们就很渺小。我们其实还是可以过得有自己的规矩，有自己的尊严，有自己的底线。

我的朋友胡赳赳经常引用尼采的话，说我们要在自己的身上克服这个时代，要让这个时代跟自己没有关系。有个音乐家曾问我："老余，你的发际线怎么退到那么远了？"最后他说："知道了，都是让这个社会给虐的。"他当然是在开玩笑，但是玩笑中也有某种现实。很多人到了我这个年龄，长相一定跟自己有关，同时又跟这个时代、这个社会有关。我们自己如果调整得好，相貌、精神就不会受这个时代太多的影响、太多的污染。

齐邦媛在《巨流河》里说，一九四五年，战争未完，朱光潜上课时"一字不提"当时的艰苦,只是有天讲到华兹华斯的《玛格丽特的悲苦》(写一个女人,儿子出外谋生,七年没有音讯)竟然语带哽咽,稍停顿又念下去,念到最后两句,"If any chance to heave a sigh, they pity me, and not my grief"[1],他取下眼镜,眼泪流下双颊,突然把书合上,快步走出教室,留下满室愕然,无人开口说话。

在当时的读书环境当中,齐邦媛从民国这些知识分子的身上感觉到,任何时候,无论生活多么艰苦,弦歌不辍仍然是我们的生活,我们应该过这样的生活。我们应该在最困难的时候也能过一种诗意的生活,这才是生命的价值、意义、尊严所在。

齐邦媛的这种感受,特别能够打动我。我们生活在当下,可能很多人会觉得见了面不聊几句"吃瓜"的新闻,就好像是个天外来客。但是,其实你完全可以这样生活。当我们改变不了什么的时候,那就先把自己做好。这其实是老生常谈。有时候确实会很无助,但我们自己还是有办法或者说有空间的,可以把自己的生活过得有规矩一点儿、有尊严一点儿。

---

1 若有人为我叹息,他们怜悯的是我,不是我的悲苦。——朱光潜译

08
要找到跟传统连接的方式

《一个人的世界史》里面的人物的取舍，首先关注的就是人物的话语，而且第一角度是有趣。有人曾说："老余，你是个知识分子，应该搞得深刻一点儿，或者搞得'高大上'一点儿。"但实际上，就像很多网友说我爱八卦，我也觉得八卦是我的第一特点。我的书无论是《非常道》，还是《一个人的世界史》，真的读进去，就会发现妙趣无穷。

我关注的是个体本位，是历史跟我们个人有什么关系。所以，《一个人的世界史》那本书不是要让你记住多少历史大事，记住"一战"发生在哪年、"二战"发生在哪年，那都是背景。真正需要关注的，是历史人物的喜怒哀乐、兴趣爱好。书里的第一个段子就是关于素食主义的，而且是萧伯纳在说这个话题。

那本书的一个特别的地方，就在于它在挑战我们根深蒂固的读书方式、阅读期待。我们以前读历史，读世界史，读的都是叙事宏大、"高大上"的东西。而我那本书写的都是些边边角角的零碎段子、八卦段子。但是，正因为这样，才让普通读者读起来提气，不妄自菲薄。大人物其实也有七情六欲，也是过着一日三餐的生活。那些领袖、那些政客、那些巨富，我们以为他们过得多么"高大上"、多么严肃认真，其实不是。在这个意义上，回到个体本位是我编排这本书的一个重要的考虑。

我写的书比较杂，可能很多人看不出我是中文系毕业的，认为中文系的人应该去写诗，搞创作，搞文学批评。但是，我的写作还是愿意接近普通人，希望解决普通人关注的一些话题。首先我自己从读书当中寻找答案，然后我再把真实的感受和答案提供给读者。比如《大时间》《时间之书》以及《节日之书》，它们构成了我的"中国时间"三部曲。很多年轻朋友觉得这几本书有点儿意思，印证了他们对中国文化和科技文明的一些感受。我们不仅仅活在一个用智能手机全副武装的时代，我们的内心、我们的身体语言，仍然跟我们的古老文化相连接，而我找到了这种连接方式。

01 "但开风气"两百年

我建议大家读一读龚自珍。可能有人要问了，为什么要读龚自珍？因为龚自珍与我们有非常非常密切的血缘联系，有一个精神家族的血缘纽带连接着我们。这种联系既是情感的，也是语言的。

在我看来，龚自珍这个人是非常励志的。他一辈子一直不太顺，怀才不遇，而且他的抱负一点儿都没有得到施展。他一直是政府机关的小公务员，抄抄写写。有的头儿想起他，就请他写个建议、写份计划，但是也不会采用。

龚自珍47岁的时候，也就是1839年，因为种种原因，他决定离开京师。我们今天来看，要离开北上广去另外一个地方生活，可能都很难下这个决心。我想当年的龚自珍更是如此，因为在那个年代他还要追求衣锦还乡。但是，

五　利用『时间差』校正自己的位置

突然有了一个契机,让他迈出了这一步,于是他就辞掉官职回老家了。

在回家的路上,龚自珍写了三百多首诗。正是这三百多首诗,让他成为历史上最伟大的诗人之一。一说到诗人,我们想到的一般都是屈原、杜甫、李白、苏东坡、陶渊明这些人。龚自珍跟他们相比,可以说毫不逊色,因为他的诗非常非常有意义。

这三百多首诗当时并未给龚自珍带来什么利益,只有他的朋友以及他的读者知道他写了这些东西,并且感觉它们会在历史上流传下去。

他们的感觉是对的。龚自珍去世之后,一百八十年以来,他的《己亥杂诗》确实感染了一代又一代中国人。很多人都读过他的诗,只不过有的人可能不一定知道,原来这首诗是龚自珍写的,比如"但开风气不为师",比如最为人们熟悉的"落红不是无情物,化作春泥更护花",还有"九州生气恃风雷,万马齐喑究可哀。我劝天公重抖擞,不拘一格降人才"……

龚自珍的诗可以说更新了汉语的感觉,而且这种更新是长远的,以至于现在很多人说我们快要告别鲁迅了,或者快要告别胡适了,甚至有人说快要告别金庸了……所有现当代著名的文化人，我们都可以告别，但是像龚自珍这样的人，永远是现代汉语的一个源泉，是灵感的一个来源，我们很难跟他告别。

02
相同的时代，共通的浪漫

近百年来，中国人对龚自珍的评价都非常非常高。比如，梁启超先生在一百年前就认为龚自珍相当于"中国的卢梭"。20世纪90年代，中国学术界、思想界的一个共识，就是把龚自珍比作"中国的但丁"。恩格斯说过："但丁是中世纪的最后一位诗人，同时又是新时代的最初一位诗人。"龚自珍也确实是中国古典文化时期的最后一个诗人，同时又是新时代最初的诗人。

龚自珍和各国近代的人物相比，甚至跟他那个时代最著名的人物相比，都毫不逊色。比如英国的雪莱，他和雪莱同一年出生，而且他们有一个共同点，就是对时间非常敏感。雪莱写过《西风颂》，他说："冬天来了，春天还会远吗？"龚自珍也对时间非常敏感,他意识到当时处在大清王朝的秋天,处在一天当中的黄昏。这是一个诗人、一个思想家的敏感。

我们也要有这种时间感,这是一种外在的时间。只有对外在时间做了基本判断之后,我们才能够认认真真地把我们自己的时间安排好,甚至使我们自己的时间不跟外在时间发生过于激烈的冲突。

还有德国诗人海涅,他写过《德国,一个冬天的童话》。他的年龄比龚自珍小一点儿。比龚自珍大一点儿的,有美国诗人惠特曼、法国诗人和作家雨果、俄罗斯大文豪赫尔岑。他们都是跟龚自珍同时代的人,而且,他们身上有共通的东西,都比较浪漫,个性比较张扬,比较突出自我,还比较突出心灵的作用。

03

建构个人的历史观念

可以说,把龚自珍放在世界范围内,跟这些大文人,甚至大思想家相比，他毫不逊色。很可惜，我们目前对龚自珍的认知远远不够，这就是我要写《己亥：余世存读龚自珍》那本书的原因之一。

当然，我写那本书有种种原因，包括怎么解决我个人的"中年危机"，以及我怎么在中国目前这个时代建构个人的历史观念。我觉得回到龚自珍可以让我们重新书写我们的近代史，书写我们的现代史。

其实，很多人，包括我们的知识界，对中国史的叙述都已经有点儿找不着北了。也许是受意识形态的影响，或者受国外史观的影响，总之我们不再像以前那样有很明晰的坐标感。这是当下中国人在历史方面的一种迷失。因为没有这种坐标感，使得我们当下在这片土地上的生活有点儿进退失据。我们很难发言，因为面对日新月异的全球化，无论是政治文明的推进，还是技术文明的推进，我们都很难参与。这是一个很悲哀的事实。

这种情况带给我们的一个后果，就是很多年轻人很难建构起自己的史观。而如果没有自己独特的史观，年轻人就会跟着这个时代人云亦云。这是一个很严重的现象。

04
利用"时间差"校正自己的位置

为什么建构个人的史观很重要？因为现在很多人，包括知识分子，都在跟着主流媒体讲我们很有自信，我们已经成了世界第二大经济体；越来越多的知识人觉得，我们跟西方的"时间差"是不是已经被抹平？这正是我想说的另一个观念，就是我们一定要知道，任何个人和个人之间都有"时间差"，任何国家跟国家之间也都有"时间差"。

我们要做的，并不仅仅是消弭这种"时间差"，还包括让彼此知道这种"时间差"，这样才能进行更有效的沟通和对话。否则，我们就会处于一种相互不理解的状态。所以我们一定要理解人和人之间的"时间差"、人生阶段和人生阶段之间的"时间差"，这样才能调整、校正我们自己的位置。这也是我近年来给大家介绍时间的意义的一些心得和收获。

我们把龚自珍放在不同的时间坐标系中都可以看得出这个人的重要性。包括龚自珍可以让我们重新串联起中国的历史，这也是一个大的时间坐标。很多人以为中国和西方之间已经没

利用時
間差較
正自己
的位置

有"时间差"了,换一句话说,就是中国人不需要搞现代性了。但"现代化"也好,"现代性"也好,基本上是一个读书人经常讲的话,也是学者、知识分子讨论的时候经常会蹦出来的关键词。

为什么现在不仅我们的知识界,就连我们的社会,也都很少提现代化了?是不是我们中国人已经进入时间的最前沿,已经达到最现代的高度,可以对别的"落后的"共同体提点儿建议了?好像很多人认为我们已经到这一步了。还有一些人认为,当代中国还有很多问题,但最大的问题是我们自身的文明进程被"新文化运动"斩断了,所以我们现在应该回去,回到古典中国的状态,回到那种所谓正统的中国文明当中。这也是一种说法,但它对不对呢?

05
思想大家的书能给我们提供答案

我有时候在想,我们该怎么给龚自珍归类。他究竟是一个诗人，还是一个作家？是一个思想家，还是一个革命家？这几个标签其实都可以贴在他身上。虽然很多人不愿意把"革命家"这个称号给"五四运动"之前的人，但实际上龚自珍称得上是一个大革命家。他的革命思想催生了后来的康梁变法，催生了后来的辛亥革命，这一点很了不起。

每个时代能够对世界进行总体性解释的人并不是很多，那种有抱负、有才华、有能力和思想的人，更是屈指可数。所以，如果出现这样的人，我们就应该把他的作品好好地读一下，认认真真地读。读其他人的书，可能是一种调剂，读龚自珍这类人的文章却是最重要的，是奠定基础的，因为只有这样的人才能给我们提供一整套具有体系的思想观念和社会观念。

就像我们当代人已经找不着北，找不到人生的方向，也找不到时代和社会的方向，怎么办？除了历史书，我们还应该去读那些最值得我们信任的思想大家的书，因为只有他们才能给我们提供答案。

我们这个民族其实有这样一种知觉：当一个这样的人出现，他的片言只字我们都应该去重视、去了解。我们看看语言的流变，或者看看诗词意象的流变，其实可以看出一条脉络。我们之所以喜欢自己的母语，就是因为我们的母语在不断地发展,它是有历史、有传承的,而你如果在这样的传承当中,就不会让自己的生命走向粗鄙。

但是,很遗憾,我们当代人,不仅仅是年轻人,就连"50后""60后",都活得很粗糙、很粗鄙,我们的语言苍白无力。这也是为什么我们要回到龚自珍,因为龚自珍给我们提供了一种非常有意思的语言意境。用他期许自己、赞美朋友的话来讲,就是"亦狂亦侠亦温文"——既雄奇,又瑰丽;有非常阳刚的一面,又有非常温柔的一面;有类似贾宝玉的一面,也有类似令狐冲的一面。这些特征统一到了龚自珍这个人和他的语言当中,所以他的语言才有足够的张力,有那么多的解释空间,甚至成为我们当代人激活自己语言的一个源头。

这也是为什么很多学文科的人,特别是中文系的人,只要读过几本古典诗词,都会不约而同地喜欢上龚自珍。他把汉语言的特征,跟中国人近几百年的处境结合得如此的好。

无论什么样的人,只要还有追求,我觉得都可以从龚自珍和他的诗中找到想找的东西。这也是我个人的感受。就像我要解决我的中年危机一样,我发现通过写《己亥:余世存读龚自珍》,就能解决这个问题。所以,我觉得这个人和他的书,是值得向大家介绍的。

同时，通过这样一个人，可以让我们发现重写中国近代史的意义。这其实也是近年来一些知识分子所说的、要做的工作，像北京的刘军宁先生和上海的朱大可先生。他们一再讲"一个人的文艺复兴"，其中一个重要的工作，就是要写一个人的世界史和一个人的现代史。从这个意义上讲，怎么评价我们个人的重要性都不为过。我们不能只看历史教科书，不能只看一种关于历史的解释。

06
在今天的基础上开出个人的当代性

当我把龚自珍拉到大家面前，很多人不以为然，不理解为什么龚自珍是古代和现代的一座桥梁。如果这违背了你的常识，那恰恰说明你的常识有问题，以为中国的现代史是从"新文化运动"开始的，或者说认为"新文化运动"把中国的历史斩断了。

我们一旦重新认识龚自珍，重新发现龚自珍，就会发现

"新文化运动"是中国历史发展的一个必然结果，是一个水到渠成的结果。因为在这之前，一代又一代的中国人已经在朝着这条路走，我们不应该再把"五四"当作受外来思潮影响的一个结果。

所以，这其实也是在重构我们的历史。从这个意义上来评价今天的中国人说的"想回去"，回到古典中国文明的状态，或者回到纯正的传统文化的状态，那不太可能。因为我们的传统——传统文化、传统中国——就是从龚自珍和他的朋友，比如魏源等人，一步步走向今天的。

我们要珍惜今天，必须在今天的基础上开出我们个人的现代性，开出我们个人的当代性，这样才能够回馈我们的历史。

07
有困惑的朋友可以读读《易经》

《易经》的"易"是什么意思？

我们当代人的生活是一种什么状态呢？有很多人说是流体

状态。既不是固体,也不只是液体、气体,而是流体。还有人说现在是"流沙社会"。我觉得这种流体的说法比专家学者们的表达要好。专家学者一般会说,这是"测不准"原理起作用的时代,是不确定、不完备的世界。

其实,《易经》不仅早就观察了"测不准",早就对付了"不确定",而且早就理解了"流体""流沙"的状态。一般以为,《易经》的"易"字有三种意思,就是"变易、简易、不易"。所以,它对不确定性的观察要更加深刻。它承认变化,又确信有不变的东西,有简单、可以把握住的东西。这比我们面对流体时代的不确定性产生的茫然无知和悲观沮丧要踏实很多。不仅如此,《易经》的"易"还有"反易、交易"的意思。"反易"就是对立,"交易"就是你中有我、我中有你。这两个意思则说明面对不确定性,我们还能参与其中,推动变化,这就乐观而积极了。

所以,对当代社会感到困惑的朋友可以读读《易经》,那样你就会达观很多,积极而又淡然。

第三章　安身　立命

01
每一句话都是历史的产物

我很早的时候就对话语感兴趣，我的笔记本里早就有读书时留下的话语片段。

在中国人的话语里，我感受到了某种非理性的东西，它高于逻辑，超越理性，自成一个点，难以成为对话的平台或前提。中国人的话一旦出口，别人就无可置喙，为什么？因为其中理性的搭桥铺路需要越过千山万水。

我希望用聚光镜的方式让这些话语显现出来，让人们意识到，每一句话都是有限的，都是历史的产物，都不可能是自以为是的。我后来用了一个概念"类人孩"，来描述人们在文明进化之路上的状态。《非常道》那本书其实是在为"类人孩"这个概念做注脚。

一

我希望时时回到历史里

02
把自己变成一个丰富表达的载体

我们的社会确实存在着民族主义的肥沃土壤，但从我们自己的教训和德国、日本、俄国这些后发国家的历史经验看，民族主义在文明的现代转型过程中很少起到正面、有效的作用。孙中山先生也只是把它跟民生、民权并列而已。

实际上，没有民生、民权的支撑，民族主义就会变成六亲不认的神魂附体者，个人或阶层、团体变成这样，就不仅是其自身的悲哀，而是国家、社会的悲哀了。

在《关于九十年代的汉语思想》里，我预言新的世纪应该有一个"个人主义"消解"集体主义"的时期，显然我的预言落空了。由于我们的社会在此方面的驱动力不足，导致今天伪国家主义、伪民族主义大行其道。

我能做的，就只是把自己变成一个丰富表达的载体；在写作领域，就是向孔子、庄子、司马迁、胡适、鲁迅以来的个人写作传统致意。借用哈金的话说，我的写作就是在取悦他们。

03
每个人都有意义

近代中国一百多年的变迁，确实有一些核心问题，笼统的说法是现代转型。历史学家如唐德刚、黄仁宇把这些问题分解了，他们从旁观者的立场同情地理解我们的历史，认为它有所谓自己的使命，一定的条件、时间里只能完成一部分使命。

我发现很多人对唐德刚的"历史三峡论"很欣赏，但从我个人主义的立场看，这是可笑的。从"历史三峡论"或历史使命的角度看，历史人物或事件总有可议之处，他们的性格、识见、私心都可以拿来反省，他们的出场不是早了就是晚了，做了历史的反动者。

这有一定的道理。但每个人都有意义，这是我们立论的前提。

即使从现代转型的角度看，虽然它有很多子题，比如上层下层的数目字管理、市场经济、法治、宪政、自由民主等，但个人仍是最高的标准，那就是，个人成就是看待现代转型成功与否的关键。

04
运用自己的理性成为自己

我想到用笔记体这种方式写《非常道》，是想对自西方移植的启蒙传统进行一次校正。20世纪90年代后，一些人一直在讨论还要不要启蒙、怎样启蒙。在这种讨论之外，新文化运动以来，包括20世纪80年代，启蒙教育已淡出社会文化领域；在知识的交流传播领域，比启蒙教育更糟的是，教科书式的权霸，惊人惊世的翻案解构、猎奇，或建构体系的梦想，成了最常见的文化现象。

我想恢复启蒙教育的本来面目，校正一百多年来我们的启蒙教育过于正经的一面，因此想到了"诗话""世说"一类的笔记传统。启蒙让每个人运用自己的理性成为自己，也就是我们常说的"金针度人"。

《非常道》中的每一则对话，都可以有不同甚至相反的理解。有人就此问过我，我说都是对的。可能一个读者原是这样理解的，但看到我把同一话语放到另一个分类中，他会想到我是那样理解的，想到世上还存在这样一种解读法。还有就是，他在不同的年龄、心态下，会有不同的甚至相反的理解。只要这种多样的理解并存，他对自己就有了一种理性的态度，不至于还像"类人孩"那样狂妄，他与你我之间也就有了一种理性交流的可能。

我说过要恢复历史正义，一方面我自己是一个尺度，一方面孔子、司马迁以来的个人叙事是一个尺度。我希望自己的理解能够延续这样一个传统。

05
对历史的认知需要不断更新

《非常道》编写得比较粗，才用了四五年的时间，很难做到统一。另外呢，人太容易受对象的支配。我也是。有时候看了一段话，发现原叙事者做得还算不错，就不愿用自己的话来重新叙事。一方面是为了省事，另一方面呢，说得好听一点儿，是我更愿意尊重原作者的语感。这是个矛盾。好多人曾劝我注明出处，做一个索引，但我没有做，主要因为书里的材料都是公开的、常见的。而且，我的目的重在它的社会传播性，希望能够唤起人们对近现代史的兴趣。后来事实证明确实如此，通过书中的线索，人们很容易回到历史中，可以得到比一则对话更丰富的史实。

出于个人的兴趣，我还是不忍历史的血肉被抽空，我希望时时回到历史里。这既是一种身份认同，也是一种文化认同。我们能做的太多了，套用一句俗话就是，历史是我们取之不竭的财富。

但说实话，跟我们民族的现代转型一样，这笔财富远远未完成现代转化。不仅历史禁区需要人们来突破，就连对历史的认知也需要人们不断地更新。实际上，历史财富能够给我们提供足够的生产和生活资料，能够参与新的坚实的生活和文明模式的重建。但今天，我们的社会拥有的这类产品或作品太少了。

01
历史本身就会说话

我很早就从教科书的叙述里走出来了。20世纪80年代,遇到启蒙热,我看了很多近代史资料,发现原来都不是那么回事儿。作为中文系的学生,我对话语很感兴趣,看了很多人说的话,觉得太好玩了。

2000年前后,我就曾劝说一些历史专业的学者做一本类似《非常道》这样的书,但学者们都觉得工作量太大,也没什么意义。于是,我这么一个"业余人士"便只好自己来弄。这是个体力活儿,很累,但真正弄起来的时候,读着史料又特别容易兴奋,睡不着觉。

我都不用加材料,只需要整理、分类,历史本身就会说话。历史是有正义、有人性、有审判功能的。中国人虽然没有实际的宗教,却能够以历史为宗教,看重历史和自身、当下的

二　有对安身立命的期待,就有对历史的信仰

关联。因此，用孔子、司马迁式的春秋笔法来写就足够了。只要每一代都有代言人写出自己的历史，是非善恶就在我们心中，并发挥作用。

《非常道》乍看起来都是碎片，但细看其中有魂。这个"魂"就是历史的正义。书虽然看起来像本段子合集，但并不是"段子本位"。

02

为年轻人破除成见、守护常识

这些年我接触了不少"70后""80后"和"90后"的朋友，发现他们心中还是有很多成见的。我觉得要先把这些成见打碎、去除，才能呈现自己的人生观、世界观，而不是站在知识的碎片上去切割别人。

所以我建议年轻人踏入社会时应该有十年左右的游学时间，不带成见，不做结论，而是去接近世界的本真，否则会一直是一个住在"山寨"的人。

我一直以来所思考和困惑的问题，是中国知识分子在公共写作领域的缺失。20 世纪 80 年代，我们都很自负，觉得我们这一代人能拿诺贝尔奖，能为社会提供思想资源。但到现在，有谁在公共写作这方面冒出来了吗？很难，很少。

我曾经想做一套像日本女作家盐野七生的《罗马人的故事》那样的历史丛书，为此也找了不少历史学者，但学者们无法自如地运用这样一套语言。知识分子提供的应该是公众知识产品，包括思想资源和史观，但现在绝大多数知识分子还像以前那样，使用书斋里的内部话语体系，没能走到大众中去。

03

自由意志会让你对人生有整体的把握

真实的历史，当然是有的。玄乎地说，真实的历史就是人的那个核心的观念，也就是中国人说的"吾心即宇宙，宇宙即吾心"，黑格尔说的"绝对精神"，20 世纪的托马斯·曼等人说的"我在这里，德国文化就在这里"……

经常有一些人说:"历史走到我这里来了。"这就像沃尔夫冈·泡利的心理。在一次为他举办的荣誉聚会上,他感觉被爱因斯坦坐实的物理科学的演进史走到他那里了,物理世界的王传位给他了……这种自觉和历史意识充分说明了"真实历史"的存在。

可以说,真实的历史就是人的自由意志。中国的文化传统是非常理解这种自由的。所谓"情深而文明,气盛而化神",即是说生命的自由才能成全文明历史。现在有些人挣了钱后就开始做慈善。为什么?这说明他意识到以前的人生是有欠缺的,这是他的"心性"认知到了那一步。

人的自由意志会驱使一个只顾挣钱的人对人生有整体的把握,让他知道人生应该全面发展,而不仅仅是挣钱。

04
有对安身立命的期待,就有对历史的信仰

对历史的信仰在很大程度上是我们对自身的信仰。当我们跟着时代游戏人生时,我们会把历史虚无化,不将它放在眼

里；当我们对自己诚实时，我们就会明白，历史的正义一直存在，它在审判世道人心的是非善恶。因此，只要我们还有心，还有对安身立命的期待，我们就有对历史的信仰。

现在有人相信自然正义原则，就是一对一和你去拼，你拆我房子，我就要你的命。因为他们对社会失望了，认为法律正义在自己这里得不到实现。但实际上，我们的历史感并没有消失，自然正义是人生正义和社会正义的基础，它是我们的历史感中最基础的东西。因此，实现公平和正义在我们的社会并非遥不可及。对那些罪错者、奸恶者，人们虽然无力当面点评，但在饭桌上，在网络上，在心里，早已做出了审判。

也就是说，我们中国人内心是明白是非善恶的，明白历史正义这些道理，也相信这些道理。

《非常道》那本书最大的特点是回到了人性本身，而现存的一些中国近现代史相关著作都是宏大叙事，回避了人性。我希望它有助于提高我们对中国人、对中国历史的理解，有助于增强我们的信心。

05
内心的东西不够强大，才会受到诱惑

近代那些人物无论成就高低，总体上都比现代人活得精彩、丰富、个性鲜明。而当代的人总体上个性表达得不够充分，在社会责任和正义方面做得很不够。中国现在处在娱乐化、平面化的时代，人心都很浮躁，受不了都市化的诱惑。我的好多同行、朋友，都在一心拥抱这个物质的世界，我觉得还是个性的、内心的东西不够强大。

近代人物给了我们一个参照，告诉我们人生有多种可能性。立功、立德、立言都可以，可以活得很丰富多彩。人的选择没有那么单一，不是只有"有没有房子、有没有好车、银行存款有多少"这样单一的标准。近代那些人物的气局要大得多，他们能把自己的人生跟山川自然、民族历史，甚至跟孔孟之道转换，或者文明转换，连在一起几十年。而我们现代人以自我为中心，只跟物质利益联系在一起。

其实，跟近代人物一样，我们也处在一个剧变的时代。我们经历着人类历史上空前的移民时代，经历着几亿农民进城，

忠的東西不夠強大才會受到傷感

经历着产业和工业升级。另外，经过这些年的经济发展，一些人富起来后要怎么办？孔子说，富则教之。我们面临着自我教育和教化别人的任务，包括文明模式的重建，这是一个很大的问题。但是，能自觉到这种历史任务的人不多。近代的中国人，个人命运是与国家命运连在一起的，并不是全然为自己而活。今天的人则完全是为自己、为老人和孩子而活。

06
站在人性的角度来看历史

写近代人物，我的心态是比较平和的，抱着一种对历史温情的理解。比如杜月笙和戴笠，现在人们一般都把他们看作坏人，但深入他们的内心和人生，你会发现有可圈可点的东西。如果活在当时，未必不能与他们坐在一起聊天。他们对社会的认知和理解，也可能是非一般人所能把握的。我想，我不是站在意识形态的标签上分类的，而是站在人性的角度来看他们，能对人性把握得更丰富一些。

同时，我又一意孤行地把历史人物一个个拉出来介绍，打量他们，审判他们。回顾中国的史学传统，自孔子和司马迁以来，历史写作就具有一种审判的功能，就是惩恶扬善，要让乱臣贼子惧怕。

现在，很多一辈子研究历史的学者，对于历史人物只会说"有功也有过"这样正确的废话，不能做出个人的、内心的评价。对此，我是反对的。历史是中国人的宗教，假如不把这个信仰恢复起来，讲历史就没意思了。我们要恢复"历史的正义"。

在目前的犬儒主义中，价值判断已经失效或者缺席，我愿意去做这件事，去重建我们的价值评判体系。我们的老百姓不相信官员，不相信商人，也不相信知识分子，现在很需要重建价值系统。

我希望读者能像我一样，作为最后的审判者，对历史人物下定论。我们要恢复中国人的善恶观念，捍卫我们的历史正义。

01
宗亲家国世界里的我们

马克思曾称古希腊人是"正常的儿童",古中国人似乎不是。中国的地形地貌和空间地理等因素,使先民奇异地"早熟",又悲剧地"晚熟"。说早熟,是说古人较早关注世俗事物,较早依赖集体化、组织化力量生存;说晚熟,是说古人生活在宗亲或家国等集体组织里,迟迟未能自立。这是部分中国人直到今天仍未解决的问题之一。

跟人打交道,好面子,虚荣,以外界的标准生活,是国人的生存本质。活在宗亲家国世界里,国人要么是"看客",要么是"示众的材料"。离开圈子、关系、亲友、国家,国人就难以自立。

虽然孟子有过"义利之辨",但孟子之义仍属于"爱民如子"之仁的范畴。墨子的精神

三、我们都在追求庸福,同时矮化着精神

是义，但墨家之义在秦汉年间就衰落了，其末流则转向了江湖之义。章太炎感叹："国民常性，所察在政事日用，所务在工商耕稼。志尽于有生，语绝于无验。"

哲学家李泽厚认为，中国主流文化属于"乐感文化"，重实用，轻思辨。孔子也说，不语"怪、力、乱、神"。

生活在天地君亲师的伦理世界，我们被告知要感恩，感恩上级，感恩顾客，感恩老板。在感恩中，原则、正义、是非、善恶、精神、思想等都被忽略了。

大行其道的观念有：官员是百姓的"父母官"，下级是上级的"子民"，员工是老板的"子弟兵"。即使个人成长得足够快、足够高大，他上面仍有社会组织，仍有一个奉之如父、如兄、如君的人或机构。

这种规定角色的演出，对于某些国人再正常不过了。先给领导打伞，转眼在另一场合享受别人给自己打伞；在朋友圈恭维别人，转眼在饭桌上享受别人的恭维。这种表演是"作伪"的，也是"无耻"的。但在此间，没有人"把羞耻当作羞耻，把罪恶当作罪恶"。

只要"伦理世界"没有坍塌，我们就仍能在其中不亦乐乎，活出庸福和空虚。一旦起底，空虚和庸福就会暴露在社会大众面前，供看客大众品头论足、嘲笑或唾弃。

02
家的意义是什么？

回家的家已经有了历史性的大变化。

"家"的本义是人居住的房屋"宀"里有豕，即有鸡、狗、猪等养殖的生产生活资料。现代人以为，"古代生产力低下，人们多在屋子里养猪，所以房子里有猪就成了人家的标志"。从另一角度来说，家里养一些活物是人类居家生活的天性。现代人不会在城市社区的家中养猪，但会养猫养狗，养鸟儿。可见，跟人和动物相伴的居住环境才叫家。如果只是办公、睡觉，那样的房屋就是写字间，就是客栈，不会是家。

家字头"宀"除了跟"豕"组合，还跟其他事物组合出了大量的文字，其信息可以供我们读取。比如，家里有玉石信物一类的东西就是宝贝的"宝"；家里着火了就是灾难的"灾"。我们现代人对"灾"字理解得不够，但只要说破，大家都会恍然大悟。一旦夫妻不和，无论冷战还是天天打架，都是家庭生活和个人事业的大灾难。经常有闺密或死党安慰朋友时说："要灭火，别再拱火了。"或劝别人帮朋友想想办法时说："他的后院着火了。"可见夫妻关系一旦势如水火，那就是灾难。

家字头"宀"还有与"牛"字的组合。家字头下面有一头牛，在古人那里，这是极为牢固的"牢"字。跟"家"字相比，"牢"字明确指出了养牲畜的圈笼、牢笼。"牢"字也指祭祀用的牲畜，古代有"少牢""太牢"之说。后来"牢"字被引申为关押犯人的地方，如牢房、牢狱等。

家字头"宀"还有一些组合可以丰富我们对家的理解，如家字头下面有一女就是"安"字。家里有女人，这个家才能安顿、安定下来。我常见一些单身的男人即使非常自制、自律，他的家也是凌乱不安的。按一般人的理解，他只是有一个住的地方。可见，女人在家里的地位是非常重要的，有了女人，家里才算平安静好。

家字头下面的器皿，有空旷的空间，就是"宁"的繁体字"寧"。"宁"字的意思是丰衣足食、生活安定，家里有一定的纵深空间，能够让漂泊在外的人回家找到安宁栖息的感觉。这也是我们现代人住在筒子楼、工厂式商住两用房等狭小的房子里难以安宁的原因所在。这样的房子即使装饰得再好，也不是能让人的心灵安定的家。

可见，我们的家园感可以从文字本身所传达的信息中读取。汉字本身就可以告诉我们，我们在现代生活中打造自己的家时，究竟增加了什么、缺失了什么。

当然，农耕社会的家跟生活方式与其不同的社会的家并不一样。跟农耕社会的家固定在乡土上不同，北方的游猎民族曾经"逐水草而居"。在现代化的前期阶段，农耕生活、熟人社会被连根拔起，社会进入流动、陌生人混居的阶段，千千万万的年轻人离开家乡到城市谋生、成家立业，家的概念也就发生了变化。

03

每个人的故乡都在沦陷

最初，年轻人并不认为城里的家是自己的安身立命之所。他们说起回家，总是指家乡的父母兄弟所在的地方。可见，在城里打拼的年轻人已把生活认同跟父母相联系。对他们来说，父母在的地方才是家，尤其是父母生活了一辈子的故乡家园。

随着现代化进程的加快，很多人发现，"每个人的故乡都在沦陷"，自己才离开几年的家乡已经面目全非。乡土上因城镇化建了全新的社区，农村的家园日渐荒芜，不仅年轻人离开了，就连他们的父母也生活不下去了。他们往往搬迁到城镇上，或者到大城市投奔子女。

这个流动性空前加剧的社会，使得游民们从"逐水草而居"转向"逐子女而居"。很多老人退休后难以支撑一个家，只能投奔子女。子女不再把父母所在的地方当作家，而是把父母接到城市一起居住，在新的地方重新建立两代、三代同堂的家。

另一方面，现代社会福利的普及，带来了人的寿命的延长，我们的父母以及众多的老人在退休后有二三十年的退休生活。如此一来，他们的生活也发生了非常大的变化。不少人退休后呼朋唤友，结伴旅游观光。他们的家因此在风景名胜之地，在路上；他们的精神、心灵的寄托不再是有形的房子构建的家，而是风光、视频、文字组成的家。

流动性、移民性是当代文明的特征。在旅游观光之外，很多人在谈论星际旅行和星际移民。在人类移居火星的计划中，甚至有单身科学家志愿先到火星上探索，终老于火星也不遗憾。这样的现象说明，我们人类的"回家"在当代有极为丰富的含义：跟子女一起回家，跟父母一起回家，跟朋友一起回家，跟这个变化日益加剧的人类文明一起回家。

04 传统的家人关系正在解体？

时代、社会的流动性使得传统的家人关系出现了新问题，那就是人们跟父母和兄弟姐妹相伴的时间越来越少，跟同事、朋友、邻居相伴的时间越来越多。很多人认为，传统的家人关系正在解体。

对现代社会来说，家人之间的渐行渐远使得他们的职业、阶层出现了分化。仅仅一二十年的时间，家人之间就有兄弟进入了小康生活、成功人士的行列，而其他成员可能还是家乡的土著。他们之间的差别可能就成了鲁迅和他的小伙伴闰土之间的差别。

我研究家世问题时惊奇地发现，一个家庭的兄弟姐妹往往在职业、阶层上共占一个系统。比如说，兄弟三人，有人经商，有人做官，有人就会从事文化工作。兄弟姐妹四人，有可能有人是农民，有人是工人，有人是商人，有人是教授，组成了士农工商的结构。因此，阶层、职业的分别甚至固化几乎是必然的现象。

因此，维持这样的家人关系需要超出伦理、血缘的共识。有不少人意识到了这样的问题，并在为此探索新的可能。曾有读者跟我分享他的经验：要像对待朋友一样对待亲人。就是说，在现代社会，回家跟父母、兄弟姐妹在一起时，彼此之间必须有一定的边界感，不能因为是亲人而越界、任性，甚至任意地以情感绑架亲人。

05

"回家"是我们认识自己的一种方式

"原生家庭"曾经是一个重要的社会话题，人们在谈到自己跟爱人组成的新生家庭时，经常把产生的问题归咎于自己和爱人曾经的原生家庭生活。近代以来的婚姻家庭治疗理论，就是从原生家庭的角度来解决新家庭中出现的问题。

我们在原生家庭中生活，若安全感问题没有得到解决，或情感认同的问题没有得到解决，都会给我们与伴侣的关系增加诸多烦恼。不仅如此，原生家庭成员的性格问题、处理问题的行为模式等，也会有形无形地影响我们。比如很多人应对压力的方式就跟家人的方式是一样的；原生家庭的父母的相处之道也深刻地影响了我们，我们与伴侣相处的方式跟父母的相处方式惊人地一致。

同样地，我们在原生家庭中的角色是被动型的，是独来独往的，等等，都给我们与伴侣的相处带来了影响。原生家庭成员对社会现实的观感，如乐观、悲观等，也会成为我们看待现实的范式。我们以为有道理的心态其实是虚妄的，因为它来自原生家庭的影响。我们刻意跟家人尤其是父母划清界限的心理或行为模式，甚至可能是矫枉过正的极端表现，它对我们自身和亲人的伤害一点儿也不小。

因此，"回家"也是我们认识自己的一种方式，很可能也是最重要的一种方式。只有充分理解了亲人，理解了自己，我们才能超越自己。用网友的话说就是，不断突破，做最好的自己。

四

安身问题由立命问题来解决

01

跟经典相遇，有勇气、有信心面对一切

我大学毕业的时候刚二十出头，非常迷茫，到处找工作。后来，我很幸运地入职了一家杂志社。那份工作让我认识了很多当代的大学者、著名的大学教授，我不断地给他们写信，向他们约稿。我在信中表达了自己的一个愿望：我希望遇见一个像司马迁说的能够"究天人之际，通古今之变，成一家之言"的人，希望他来告诉我，我们生活的时代、我们生活的社会，以及我们个人的人生应该怎么办。如果有那样的人，我愿意拜他为师，或者年纪比我长一点儿的，我可以认他为兄长。

但是，那些学者和教授都很谦虚地告诉我，他们不是那样的人。所以，我继续寻找。我开始读古书、经典，我发现经典的人物和经典的文献，就是比较好的路标和基石。

我跟很多朋友讲过，大学毕业三五年之后，我的精神非常压抑、非常苦闷，几乎每个冬天，我的身体都好像在跟这个季节呼应，快要枯萎了。我感到非常难过，自己熬着、挺着。挺到春天来临的时候，我读了很多经典文献，其中印象最深的就是《庄子》。

大约是 1996 年到 2000 年那段时间，每年春天我都会读一遍《庄子》。我跟《庄子》建立了连接，这本书把我托了起来，让我觉得我可以生发，可以飞扬，可以对这个世界说"不"。

阅读经典文献让我感觉到，无论你在现实世界过得多么不顺，你的理想如何实现不了，只要跟这些经典文献相遇，你就能够有勇气、有信心面对一切。

通过我自己年轻时的经历，我发现可以作为我们人生基石的，就是这些经典的作品和经典的人物。

02
安身问题一定由立命问题来解决

这些年世界范围内都存在一些问题。比如世界各国都在追求经济增长率，哪个国家的经济增长率高一点儿，国民就很开心；哪个国家的经济增长率降低了，或者经济出现负增长了，国民就愁眉苦脸。这在古典世界或古典文明里是不可想象的。比如罗马文明，它绝对不会追求今年的经济增长应该超过多少；再比如中国的王朝时代，比如汉代，它更不可能说我们要追求大家的经济收入增长到什么程度。

汉代以来，中国的王朝经常对外宣扬自己"以孝治天下"，而不会宣扬自己以GDP（国内生产总值）来治理天下。过度追求GDP增长率，已经成了当今世界许多国家都存在的问题。这就涉及了君子"谋道"还是"谋食"的问题。在古典文明和古代圣贤那儿，都是谋道的，而且食应该就在道中，安身问题一定是由立命问题来解决的，而不是说撇开立命问题，先解决安身问题。

其实，我们这个时代，无论社会也好，个人也好，都在这个问题上付出过很大的代价。20世纪90年代，冷战结束之后，世界经济全球化快速发展，所有人都很开心，觉得这是一个空前的发展机会。那么，在发展经济的过程中，造成了环境污染怎么办？很多国家选择了一条"先污染后治理"的道路。没有想到，这样的选择让人类付出了非常大的代价。这就像一个人为了眼前能多挣点儿钱，提高生活质量，把自己累出一身病。我前几天看到一个网友提供了一个例子，说一个人辛辛苦苦打了十年工，挣了六万块钱，结果得了一场病，去医院做一次手术，手术费八万。这个人十年时间挣到的钱都不够付一次手术费。这就是没有协调好安身和立命的关系。

这不仅是个人的问题，也是这个时代的问题。因为我们在这个社会、这个时代中，给自己寻找的基石和坐标是有问题的，导致我们的个体和整体都出现了问题。

这些年，媒体对一些事项的报道已经成了社会性的话题，比如由于疫情经济脚步停顿，大学毕业生找不到工作。但是，这样的报道本身，其实已经陷入了我们所说的"卷"。

如果我们立足于那些很浅显的基石和坐标，比如根据一个地区、一个国家发展的速度，以及它的政治、经济环境，来决定自己要留在这个地方还是走出去，我们已经陷入自己都没意识到的"卷"的生活当中。这样的基石和坐标是非常脆弱的，是靠不住的，多年之后回看自己当年的选择，我们可能会觉得自己付出的代价太大了。

03
一个人的坐标，是在不断寻找、不断适应的

高更的三个问题，即"我们是谁""我们从哪里来""我们要到哪里去"，被称为人类不朽的三问，它触动了很多人的心灵。如果一个人还没有被高更的这三问触动过，他一定还没有真正体验过生活。

我觉得这三个问题其实对应了中国传统文化所讲的天、地、人"三才"："我们从哪里来""我们要到哪里去"代表天和地，"我们是谁"代表人。这个"三才"，其实也是我们所说的时间、空间和自我。

高更的三问，其实提供了一个很好的坐标，也提醒我们去思考，我们要把自己的坐标安放在一个什么样的框架当中。比

如，有的人把坐标放在一个社区框架里面，离开这个社区，他们就会不舒服，他们不认可社区以外的地方。这其实是中国网友前几年批评的一种"山寨"式的思维。他们活在一个"山寨"的时空当中，对这个时空之外的人类缺乏同情、理解和尊重。还有人把坐标放在一个国家形态之中，比如有些非洲朋友、欧洲朋友，甚至一些美洲朋友，认可我们中国的生活，愿意来到中国生活；还有一些人离开中国到美国去，后来又离开美国到乌克兰去，他们认可那边的生活。

一个人的坐标，是在不断寻找、不断适应的，最终要回到天地之间，回到高更的三个问题当中，这才有意思。一个暂时的、有限的、偶然的坐标，在我看来是不靠谱的、靠不住的，是不能被当作一个人这辈子的坐标和基石的。一些年轻朋友说，他们的世界观一直在变化，每个人生阶段，比如中学时代、大学时代、工作以后，他们的世界观都是不一样的。我觉得这样不够坚实、不够踏实的世界观，给人们的生活带来的冲击和伤害是非常大的。

高更的三问，给我们设定了一个基础。在这个基础上，我们每个人都应该意识到自己究竟需要什么。很多年前，我住在北京芍药居的时候，楼下的邻居是一个很有名的农业问题专家，他经常跟年轻人聊天。他说:"我虽然不知道你们年轻人在想什么,但是你们自己一定要想清楚你们这辈子要什么。如果你们把五年、十年以内的金钱和名利看得太重的话,一定会跌跟头的。你们有可能在下一个五年、十年,就变成了另外一种人。"

04
我们的认可跟我们自己的实际选择已经分裂

当代文明面临着一个很大的挑战,就是宣扬我们每个人都要很快乐。但是,在古典文明看来,不是这样的。无论是东方的文明,还是西方的文明,都不认为人活着是要追求快乐的,而是说人活着要跟天地保持某种和谐。这又回到了对天、地、人"三才"的理解。

现代文明几乎把所有的人、所有的文明都纳入了一种消费模式当中。这种模式其实就是希望你表面快乐起来,但是要付出很大的代价。从长远看,暂时的快乐、开心带来的是忧郁,甚至是灾难。

古典文明总说活着是一件很重大的事情，活着要去求道、悟道，要成为道，甚至要去传道、布道。当代文明则说，你可以不断地消费，在消费的过程中你会觉得很愉悦，会觉得全世界都变成你的了。在有限的时间内，我们好像很难挑战它，只能去适应它，但是未来怎么办，我们都不知道。

目前来看，这种消费模式的文明只是一种过渡形态。所以我觉得，是否参与"内卷"的生活，是否参与消费模式的生活，是需要每个人自己做出选择的。我举一个很简单的例子，我和我的北大同学当年都怀着雄心壮志，要做立法者，起到矫正这个世界的作用。我们在传道、悟道的过程中天然地会成就自己。后来大家分道扬镳，很多人不由自主地被时代的大浪淹没，只有少数人还在坚持自己的理想，坚持走自己的道路，也只有这些人最后做出了一点儿成就，浮出了这个时代的水面。

另外一种现象也很有趣。以胡赳赳老师为例，他付出了很多努力，吃了很多苦，现在终于成为一个大名人，很多人都很佩服他，但是他们自己不会选择胡赳赳老师这条道路。这是我们当代人面临的一个非常大的问题，我们的认可跟我们自己的实际选择已经分裂了。

05
世界上根本没有什么大事，
真正的大事在你自己的内心里

  人类的文明有好几个阶段。在第一个阶段，人活在天地之间，巨变指的主要是天灾，比如地震、海啸、洪水、瘟疫，等等。我们其实正在经历这样的巨变，比如温室效应、疫情的流行等。还有一种巨变，就是人祸。这两种巨变我们都已经体会到了，现在我们又在同时体验第三种巨变，就是技术文明给我们带来的大变化。比如，炒股的朋友特别喜欢炒技术股，像汽车、新能源、生物基因等领域的股票。这就说明，技术板块给人类文明带来的价值非常大，以至成了价值生发的地方，把大家的注意力都吸引了过去。

  技术的发展带来了一个很大的变化，那就是人们越来越不愿意像古典时代的人那样生活了。比如，现在有的"90后""00后"都不怎么想找对象，更别提结婚、生孩子了。他们适应了技术文明的需要，陷入了一种消费模式。这种变化是非常大的。对于这种变化，未来大体的模样是什么，我们现在

世界上根本没有什么大事，真正的大事在你自己的心里

都说不上来。

长远来看，比如从三千年、五千年的历史长河里面看，我们还是应该乐观一点儿、积极一点儿。即便我们被天灾、人祸以及技术绑架，但是我们的生活跟五千年前、三千年前的人类相比，还是不会有太大的改变。虽然这一代人或者下一代人不喜欢结婚，不喜欢生孩子，但这只是一种暂时的现象，可能不久以后，大家还是会回归之前的状态。

在当下的巨变当中，我们的坐标和基石都有点儿模糊。我们应该回到一种大时间的状态，在几千年的文明状态中寻找更有力、更靠谱的东西。这是我对巨变的理解。

我经常引用荣格的一段话，其大意是说世界上根本没有什么大事，真正的大事在你自己的内心里，只有真正完成某种彻底性的转变，才会有所谓的大事发生。

我们特别容易活在一个大的趋势当中，经常处在等待大事发生的状态，时间都在这种等待中被耗掉了。很少有人能够按照自己的性格、自己的路径来活。

06
面对人生得失，用心接纳与应对

博尔赫斯是很多文人特别喜欢的一个人物，读书对于他的写作意义重大。他曾说："我是一个作家，但更是一个好读者。"被任命为阿根廷国立图书馆馆长的时候，他已经近乎完全失明，所以他写了一首诗向上帝致敬："他以如此妙的讽刺／同时给了我书籍和失明……"

博尔赫斯说的话和他的人生遭遇，让我想到中国古典名作《阴符经》里的一句话："绝利一源，用师十倍。"在春秋战国时代，基本上是找失明的人、失聪的人来传承历史的。这是有讲究的，因为他们的眼睛看不见了，记忆力往往非常好；他们的耳朵听不见了，视力往往非常好。在这个意义上看生活的得失，就会发现，我们虽然在这个地方失去了一点儿，但是可能在另一个地方得到了更多。

庄子为很多畸人作过传。畸人，指不合于世俗却合乎自然、合乎天道的人。他们虽然有着畸形、残缺的外表，不能像正常人一样生活，精神却不像大多数人那样处于庸庸碌碌、庸

面对人生得失
用心接纳与应对

常的状态,而是进入了一种非凡的状态,肩负着凡人所不能肩负的使命。

博尔赫斯在诗中将失明和阅读、书籍组合在一起,这是一种非常奇妙的安排。这其实也启发我们,面对生活中的很多问题,首先要用心地接纳,然后再想怎么去应对。这是我想到的得和失之间的一种关联。